我升遷的腳步，是你追不上的速度

策略性思考×人脈資本×自我包裝，
這些升遷的技能若沒擁有，
再給你二十年都是白白奮鬥！

你以為的「升遷」這件事，
是要等到上面的人退休、調走、或是奮鬥十年後嗎？
就算你等得起，你的人生也等不起！

沒搞懂職場最重要、最需要、大家最想知道的升遷祕笈，
再給你五年十年都是有心無力！

肖券平，戴翠飞——編著

目錄

目錄

第 5 章 捕捉與利用晉升的機會

第 6 章 在晉升競爭中脫穎而出

第 7 章 怎樣做好基層主管

第 8 章
如何做好中階主管

第 9 章
怎樣做好高級主管

目錄

前言

改變思想，就改變生活。

誰都想晉升。因為沒有人願意躲在別人的光環下，碌碌無為地虛度自己的一生；也沒有人願意一張椅子坐到老，重複著昨日的故事 —— 每個人都渴望個人的事業不斷有新的突破，讓自己的人生價值得以充分展現。

然而，晉升之路如同狹隘崎嶇的蜀道，能幸運闖過重重阻力而成功登頂者屈指可數。

那麼，如何克服晉升途中的阻力，在眾多競爭者之中脫穎而出呢？這是許多渴望晉升的人一直苦苦探求的課題。尤其對當今的年輕人來說，當他們開始踏上社會準備開拓個人的事業時，就像膨滿風的帆駛入茫茫大海一樣，可能會因為走錯航道而擱淺或觸礁。因此學習和掌握這方面的知識和技巧，以此作為個人事業發展的指南，就顯得猶為重要。

本書針對人們晉升過程中將會出現的各種阻力和問題，作深入淺出的剖析，並提出行之有效的解決方法。同時，結合眾多傑出的成功人士的經典案例，重點介紹了如何制定切實可行的晉升計畫，使自己順利邁出眾人的行列；如何建立良好的人際關係，將晉升的阻力轉化為助力；如何捕捉與利用晉升的機會，在激烈的競爭中獨占鰲頭；如何在晉升後鞏固自己的根基，以謀求更大的發展空間等重要的技巧與經驗。

相信讀者在閱讀本書後，會增進你的影響力及成事的能力，使你在日常待人接物時能夠真正領悟晉升的真諦與奧祕，胸有成竹地邁向晉升之途，一路告捷，平步青雲。

前言

第 1 章
邁出眾人的行列

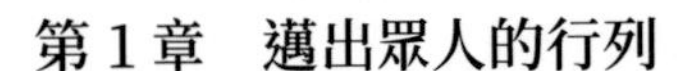

你也許有過這樣的經歷或體驗吧，當你剛剛走出學校的大門，成為某個企業的職員時，你會感覺到自己與一起進來的人不相上下，但一段時間過後，總會有人在一些偶然或必然的場合逐漸顯露出自己獨特的能力與才幹，超出眾人的行列，受到主管的推崇與器重，從而在晉升路上春風得意、快馬揚鞭。

一個人要在職場中邁出眾人的行列，絕不能只靠一些小聰明式的投機取巧，而是要靠良好的個人素養與工作能力。

解析晉升的阻力

如本書前言中所說，在晉升的道路上阻力重重。具體來說，在晉升道路上存在五方面最大的阻力，其阻力從大至小依次為：不能正確地了解自己、主管的壓力、同事的阻力、自身情況的影響以及能力和才智的影響。

不能正確地了解自己

在通往權力與榮耀的道路上，最大的阻力是什麼？不是嫉賢妒能的昏庸主管，也不是虎視眈眈的競爭者，最大的阻力，是不能正確地了解自己。

任何人都會認為只有自己才是最了解自己事情的人，但事實上真的是如此嗎？其實不然。

自己的事情似乎自己應該完全了解，然而人們卻常常意外地發現自己其實並不了解自己。

如果你「完全不知道自己本身的實力，而過一天算一天」，那實在是一件非常遺憾的事。

相反的，如果你處在完全不知道自己缺點的情況下，也是一件不幸的事情。例如一個人過度自負地認為「自己是最關心、照顧別人的人」，事實上，他的確非常關心別人的事，但在別人看來，卻認為：「真是多管閒事，連這種不希望他管的事情，他也要插手。」當遇到這種情形時，又會產生什麼結果呢？

別人會把他的存在視為一件討厭的事情，雖然他拚命地想去關心甚至幫助別人，但人家卻極討厭這種態度，避之唯恐不及，可是他本人並不知道這完全是自己造成的結果，會很納悶地想：「我如此主動地為他人著想，為什麼大家反而要避開我呢？」

有很多人知道自己的個性和習慣的某些缺點，但卻無法加以改變。不過，能自己感覺到如此，也是一件很有意義的事。例如「喜歡關照別人本來就是件好事呀！」和「因為自己有這種癖好，所以非加以注意不可」的兩種想法，是有很大差別的。

任何人都有其長處和短處，如果能夠知道自己的缺點，並加以注意和克服才是最重要的，但這也是非常不容易的。要改善之前必須能夠想到自己的缺點，並且坦率地承認——這是一個很重要的關鍵。

但更重要的是能正確地評估什麼是自己的長處和優點。

以上所講的，注意和克服自己的缺點是很重要的態度，但如果過度的注意而有所拘泥的話也是不好的；而且如果將自己的缺點誤認為是優點，則犯了更大的錯誤，只要產生了這兩種情況，都可能就是不幸的開始。

承認缺點是必須的，但是每個人也一定有許多別人所沒有的優點，所以一定要將這些優點找出來，並使它發展且活用它。

主管的壓力

「和你的主管做好關係」永遠是你必須熟記的生存守則，晉升也好，加薪也罷，你的前途和命運有絕大部分的命運都握在主管的手裡。所以，和主管的關係、溝通是晉升能否成功的關鍵。

- **你與主管的距離**：很多人都希望和主管像朋友一樣相處，這往往是一個盲點。不論什麼時候，主管就是主管，即使你們的關係很不一般，也不意味著對他可以沒有敬畏和恭維，保持適當的距離很重要。如果和主管走得過近，對他的工作、生活甚至隱私都瞭若指掌，這會讓他有一種無形的威脅。而在你們平時過甚的來往中，你的弱點又會毫無遮攔地暴露在主管的眼裡，容易讓主管對你失去客觀公正的判斷。在有晉升機會時，他更會仔細斟酌，以免因用人不力給員工留下「任人唯親」的口實。
- **辦公室內無友誼**：對同事如此，對主管更是如此，「適當的距離是一條安全線」，這是辦公室裡不變的遊戲規則。
- **主管或老闆的調換**：這的確是一件令人沮喪的事，你的種種努力和表現往往會因為領導者的變化而事倍功半或前功盡棄。最壞的一點是前主管的不正常離職，這時新任主管一般會在人事上來個「大換血」，你不但沒有接到升遷聘書，反收到一封解僱信；另一結局就是能僥倖留下來，這時更須小心謹慎、步步為營，一切從頭重新開始，千萬不要提起前主管在任時對你的欣賞或自己那時的成就。

同事的阻力

千萬不要以為只要得到主管的賞識，就可以飛黃騰達。在升遷你之前，主管一定會去了解你和同事的關係。

競爭和利益使得職場中人際關係顯得尤其微妙，有時你會遇到一些小人，他們以背後議論、譏諷別人為樂事，又愛在主管面前打小報告；有時那個和你走得不遠不近的人，也會因為你無意間的一句話傷了自尊心，從而轉變對你的中立態度，這些瑣碎無聊的人與事，也會對你能否盡快晉升有著一些作用。

此外，為了在同事間留下好口碑，以減少因為同事關係阻礙自己的晉升，在對待同事的態度上應該注意：

- 那些與自己平級的同事中，確實有你的競爭對手，但不論你內心想什麼，都應該以對待同事而不是競爭對手的態度面對他們，並且一定要在對方心裡留下這種印象；
- 如果其他同事在你之前得到晉升，一定要為他們感到高興；
- 不要把任何一位同仁視為敵人，不過這也不意味著對任何一位同仁都像朋友般對待或視若莫逆，舉止要發乎情止乎禮。

此外，與下屬的關係同樣很重要，一定要注意，不要讓部下做你自己不願做的事情，比如你自己不能身體力行，只讓別人加班就不合適；如果你不是時時注意指導你的部下，你就別指望他們按照你所要求的方式工作。如果再有大膽的下屬三不五時地闖到老闆那裡投訴你，你的升遷計畫不泡湯才怪呢。

試試以下的做法，也許會減少不少來自下級的阻礙呢！

- 對下屬要以禮相待，表示出自己的尊重，注意對年長的下屬稱呼要適當，以避免他們有不舒服的感受；
- 犯了錯誤別推到下屬身上，要勇於承認，出了錯也不要遷怒別人，即便是下屬的錯，反映到主管那裡你也要負管理不力的責任。
- 當下屬對你的應對進退有缺失時，要遵循某些指導原則告誡或提醒他注意。
- 不要告訴下屬非其責任範圍之內的事，也盡量不要要求他們做這些事。

自身情況的影響

家庭因素和身體狀況將直接影響晉升的成功與否。

家庭的壓力或負擔都會影響你的情緒，從而打亂自己的職場發展計畫。有的女性因孕期、產期等原因不得不離開一段時間，於是有些晉升機會與其擦肩而過，或者由於承受太多的精神壓力，付出太多的體力而使體能每況愈下，各種心理疾病接連出現，從而對正在實施的升遷計畫心有餘而力不足，不得不停止向高峰衝刺的腳步。

所以，上班族在懂得如何工作的同時，更要學會愛惜自己的身體。

能力和才智的影響

如果把正在前進的你比做一輛疾駛行進的電動車，那能力、才智與知識是電池中的蓄電量。職場中大大小小的坎坷其實也足以讓你意識到隨時充電的重要性。

為了自己的晉升計畫得以順利進行，我們必須清楚自己的弱勢所在，列出大概的學習日程。同時學會在最佳的「角度」及「鎂光燈」下展現出自己最優秀的一面，比如你雖然不是很懂企劃，但對市場有很強的洞察力，那你不妨在會上大膽地向各有關人員提供相關資訊；雖然你的口才不好，但是寫起總結、計畫或報告卻如行雲流水，那你就盡量用文字與主管進行溝通以引起他的欣賞；雖然沒有很高的職稱，但卻能收回別人收不回來的呆帳。這些都是你邁出眾人行列的資本。

儲備知識的乾糧

知識，一直是人類在歷史上行進的乾糧，是人開展工作和安排生活的基本條件。沒有相對的知識，工作不會成功，更不用說得到晉升了。

建造「最佳知識結構」

所謂知識結構，是各類知識在人的頭腦中按照一定的比例形成的能夠產生整體功能的有機組合。有意識地建造最佳知識結構，是各類領導者進行自我完善的一項重要目標。

在一般情況下，建立最佳知識結構，應注意以下幾點：

廣博

只注意與工作有直接關聯的事物，很可能成為井底之蛙，只能做一些有限的工作。這樣一來，在不知不覺之間，工作就會流於墨守成規，而成為所謂的「專業愚才」。

日本松下電器（Panasonic）的締造者松下幸之助，儘管只有小學四年級的學歷，卻成為了一代經營霸主，這主要得助於他堅持不懈的自學。

松下幸之助早就意識到「專業愚才」的可怕，所以他在學習時總是心懷著一種「鳥瞰式」的視野，觸類旁通、博採眾長，如鷹飛雲端，四處出擊。

精深

博，是知識基礎，精，則是知識支柱。現代管理活動對各類領導者的知識精深度，提出了十分嚴格的要求。過去那種「一招鮮，吃遍天」的傳統觀念已經越來越不能適應新形勢的需求了。取代這種舊觀念的，應是多才多藝的新觀念，也就是人們常說的「雙學歷」、「複合型」領導者。

知識的累積必須強調清晰的指向性，即進行有目標的定向累積。這樣就能像探照燈那樣，射出明亮的、能夠照亮遠方目標的「光柱」（系統化的知識面）。由「光柱」和「光霧」組合成的知識結構，才是具有清晰指向性的、合理的知識結構。

活用

領導者要建立自己最佳的知識結構，必須積極參加豐富多彩的實踐活動，多方面、多角度地累積各種感性知識和實踐經驗，不斷活用書本知識。這種對知識的活學活用，是對他人累積的理性知識的一種消化過程，同時又是一種必要的驗證和發展。我們強調實踐的「活化」作用，理由是：一是書本知識並不是獲取知識的唯一來源，從實踐中累積知識，同樣是獲取知識的又一個重要來源，而且可以作為對書本知識的一個重要補充，學習書本上學不到的「活」知識，從而為自己的知識結構不斷注入新的活力；二是學習書本知識儘管十分重要，但絕不能機械地照抄照搬，而必須透過實踐，結合本公司的具體情況，靈活運用，並在實踐中不斷豐富和發展原有的知識；三是心理學常識告訴我們，每個人在學習書本知識時，都存在根據自己的感性經驗來理解和體察書本知識的傾向，倘若感性知識過於狹窄和片面，則將影響對書本知識的正確理解，甚至從本來正確的書本知識中引申出荒謬的結論來。而豐富的感性知識，只能來源於多種形式的實踐活動；四是在書本知識和實踐知識之間，以及在各類知識之間，都存在著一定的連繫。注意這些知識之間的相互作用和影響，將有助於加快對各類知識的理解和消化，而這種知識間的連繫和相互作用，很大程度上依賴於實踐來發現和體驗。鑑於上述四條理由，所以我們說，領導者必須滿腔熱情地到實踐中去，不斷從實踐中汲取豐富的營養，以「活化」書本知識。這對於建立合理的知識結構是至關重要的。

不同領域的晉升要有不同的知識準備

個人事業的目標不同，事業領域不同，為獲得晉升所做的準備也會有不同的側重。

如果你期望在工商業領域得到晉升，那麼首先就需要有非常精深的工商實業專門知識以及廣博的一般性知識，這是在商業界發展所必須的基礎。其次，由於工商實業競爭非常激烈，更新發展十分迅速，所以要求從業者必須具有較強的洞察力、操作力、預見能力和決策能力，以應對千變萬化的競爭環境。如果進入了經營管理階層，則更需要具備較強的組織管理能力。此外，廣泛的社會社交來往無疑會對你的事業大有幫助，你會得到更充分的資訊和更多的合作者。面對激烈的競爭和變幻莫測的市場，除了要具有精深的知識、高超的技能和廣泛的社交外，你還需要有頑強的意志力和良好的心態作保證，這往往能在危機面前或其他關鍵時刻幫助你堅持下來，承受住巨大的壓力。因為工商業的發展會受到許多不確定因素的影響，比如經濟週期、政治形勢等等，所以從業者或多或少都承受著一定的風險。一旦有不利情況發生，則頑強的意志力和良好的心態就會成為幫你度過難關的精神力量泉源。

事實上，由於新科技的快速發展和在工商實業界的廣泛應用，工商業的競爭更加激烈，對從業者的要求就越來越高，越來越全面。如果希望在工商實業界開展自己的事業，那麼在事業準備階段，就應該努力為自己準備更多更完善的資源，包括身體條件、品格、智慧、環境等各方面，這樣才能在未來的事業發展中更加揮灑自如。

如果你想在學術界得到晉升，那麼對你來說，最重要的就是要對你所從事的學術領域有非常專深的知識，在有關學術問題上有自己獨創性的見解，這就要求你必須在智慧培養方面投入更大的力量。從知識結構來看，從事學術工作，不需要很寬廣的橫向結構，但要求相對完備的縱向結構；基礎知識不必非常廣泛，但與專業領域相關的基礎知識則一定要深厚、扎實。在此基礎上，需要有更為精深的專業知識素養。從智力結構來看，在觀察力、記憶力、思維力、想像力、操作力當中，以思維力顯得最為重要。學術研究是一項繁重的腦力勞動，往往需要大量的思考，因此，思維力在其中有著核心的作用。此外，觀察力和想像力是思維力的延伸，記憶力和操作力是必要的保證。從能力結構來看，在學術工作中，研究能力最為重要。此外，學習能力也是在學術界順利發展的重要保證，從事學術領域的工作，為自己營建一個好的學術環境非常重要。因此，若想在學術上真正有所發展，最好去追隨某一位著名導師，與一批才華橫溢的學術大師共同合作，這樣你的學術水準必會達到相當高的水準。以上是從事學術工作所必須著重做出認真準備的幾個方面，只要你依此全力投入，必然會使你在學術界走出一條寬廣的事業之路。

如果你想在政界得到晉升，擔負起國家和民族的歷史責任，則對你的個人素養提出了非常高的要求。良好的身體條件當然必不可少，從品性方面來看，道德素養顯得尤為重要。在政界發展，人品好壞常是人們首當其衝考慮的問題。另外，政界也有許多不確定的因素，在其中發展也需要有良好的心態和頑強的意志力，以承受波折和壓力。在智慧因素方面，從知識結構來講，政治家需要有較寬的橫向結構，相當廣博的基礎知識；從智力結構看，觀察力和記憶力對政治家最為重要，這有助於你更清楚地了解你的發展環境，並儲存大量有用的資訊；從能力結構來看，預見能力、決策能力和組織能力最重要；另外，表達能力對政治家來講也是必不可少的，它和組織能力一樣，是政治家的重要領導方法。在環境因素方面，廣泛的社會關係無疑是非常必要的，從某種程度上講，這是政治家賴以成長的土壤。另外，加入某一政治團體會增強你在政治事業上發展的實力，這是因為團體的力量一定會比個人的力量大得多，在政治領域尤其如此。當然，你所加入的團體的政治目標應該與你的政治目標相一致，而且你的政治目標一定要與社會發展的歷史進程相符合，這樣才可能在順應和推動歷史潮流的前提下實現個人和團體的政治目標。

不同層次的職位要有不同的素養要求

無論哪一類別的領導者，都可分為高級、中級、低級三個層次。人才界有人主張：高級領導者應具有非常淵博的知識和很高的決策水準，能夠高瞻遠矚地對全面事態做出科學的判斷，從而據此制定有關的策略方針和政策、策略中級領導者具有較強的處事能力和組織能力，善於處理較複雜的上下級縱向關係和部門與部門之間的橫向關係，能夠準確領會上級意圖，並將上級意圖結合本地區本部門實際，制定出切實可行的貫徹計畫，交給基層單位付諸實施。低層領導者則應具有較高的做事效率和解決繁瑣問題的能力。

點燃心中的聖火

無論是解決工作上的問題、就業場所的改善，還是對自身性格的改造、目標的達成或理想的實現等等，都必須以行動身為先決條件。

雖然同樣是行動，但是因當時心態的不同，結果也會產生很大的不同。如果是因為「公司命令這麼做」或「如果不做的話主管會發牢騷」，

你才勉強去做的話，那麼即使可以做得很好的事情，也會做得很糟糕。

你是不是真的抱著「熱誠的心態」去制定目標？

當你站在「應該突破瓶頸，或被迫回頭」的交叉路時，最後的決定就在於你是否有一顆熱誠的心，只要有了熱誠的心，就能夠促使周圍的人產生幹勁，而且也能克服自己柔弱的心。

任何人在決定做某些事情的時候，多少都會有一股熱誠的心，但等到實行之後，往往因受到周圍人的反對、不合作和自身能力的不足等種種因素的影響而嘗到了挫折感，當挫折感逐漸地加深，就會使原本在內心裡的熱誠也逐漸地冷卻、退縮。

而且某些人會將產生這些挫折感的種種理由，如環境的惡劣、周圍人士的不合作等等，轉為自己能力不足的藉口。

但是如果從一開始就沒有信念也沒有熱誠的心，只是靠著種正義和道理去做的人，則另當別論。像這兩種人所做出來的事一定做不好。即使在最初非常熱心地去做，但中途一遭遇挫折就氣餒的人，也應該特別注意「自己是否缺乏了熱誠的心」。當要說服人的時候，或習慣技能的時候，只要有一顆熱誠的心，相信一定會效果倍增的。

所以當遇到障礙時，就必須——

先問自己是否擁有一顆熱誠的心？

為什麼許多人無法持續抱著熱誠的心呢？是否因為產生了挫折感呢？

其中的一個理由，一般人認為與生活環境有很大的連繫。尤其是當一個人有了物欲時，就每天接受如何過團體生活的訓練，例如去幼兒園、學校，甚至於公司等等這些地方，「每天早上在固定的時間一定要起床」，在幼兒園或學校裡，在固定的時間一定會受到老師的限制和指導；一旦成為社會人士，也可能因受到打卡時間或主管的眼光而有所限制。因此，必須學習一些如何過社會生活的知識。

如果想到「一定要上學或到公司的話」，就不會睡懶覺，而能過著有規律的正常生活。另外像學習英語和數學未必是一件很輕鬆的事情，但是如果不去學習的話，就有很多人無法念書或計算，這樣的人根本無法在社會立足。

而且如果沒有就業的話，就沒有一個固定的收入，也無法得到社會大眾的信賴，所以與其每天漂泊不定，不如每天固定做些事情，較能夠得到安定與安全，這也是大多數人寧可選擇當薪資階層的原因。但相對的，薪資階層的人就必須受公司的各種限制，感覺較不自由。

因為這個原因，所以有許多商業界的人，時間和行動總被控制在「一定的範圍內」，所以說人往往是從學校或公司的生活中逐漸培養了習慣，這種規範對一般人來說，也許是一種實現健康的正規生活所必須具備的條件之一。這一點可以從那些剛退休的人，因一時脫離了有規律的生活而無法適應得到證明。

但是這種規範與限制，如果超出了所需要的太多時，所產生的結果就會因人而異。例如：感覺限制和規範太過於強烈時，可能就阻礙了健康上的精神活動。因此上班族必須了解：

「不要因為主管怎麼說就怎麼做。」

「當別人對你說可以隨自己的意思去做時，卻不知該怎麼做。」

「認為自己的觀念是正確的，但因周圍的人不協助你，就無法更進一步地去突破。」

像以上的這三種情形，就往往是受到環境的影響，但事實上，一個上班族未必一定會像以上的三種情形。就如前面強調過的「人類往往是在一個環境中不斷地工作，才有改善環境的力量」，事實上，多數人都遵守著社會生活的規則，一邊穩健地成長，再一邊逐步地去改善工作的場所，實現自我革新的只是「少數派」。但也因有少數派的存在，公司才能茁壯成長，你自己也才能掌握住自己的幸福。

包裝好你自己

當今社會尤其講究出色的包裝，良好的個人形象就是一個人的包裝，它有助於自己的晉升。良好的個人形象主要包括以下幾個方面。

儀容

儀容在人際關係來往中，特別是初次來往中十分重要。一個人蓬頭垢面、衣冠不整、邋裡邋遢，這樣的外觀雖說不一定會給人家留下不好的印象，但起碼使人感到不舒服。

怎樣講究儀表以利於社交呢？眾所周知，人的長相是遺傳的，無法改變。人靠衣裳馬靠鞍，三分娘子七分妝。所以，講究儀容美，實際上就是討論打扮。

著名美學家曾說：「凡是美的，都是和諧的和比例合適的。」怎樣打扮才能做到「和諧」和「比例合適」呢？

- **打扮要與個人的體徵相協調**：服裝的和諧美，除了主要修飾身材比例之外，還應從服裝的款式、色彩方面進行搭配。比如：窄肩體型可著挺版材質的衣物；粗腰圓體型者，可選用套衫、開衫之類款式等。此外，服裝的和諧統一，還在於與穿著者的年齡、性格、職業、膚色、地區、風俗習慣等相稱。

  其他的修飾也可參照服裝。

- **打扮要與周圍環境相協調**：這裡說的環境是人際社交的社會環境，即所謂場合。場合不同，穿戴應有所區別。如果失之檢點，不僅有損儀表，還有失禮之嫌。比如：親友結婚你去恭賀，穿著就要華美，男的要刮鬍子、理髮，女的可適當化妝。如果衣服過於素淡，就與氣氛不協調。如果參加喪儀，裝束要與沉痛肅穆的氣氛相協調，一般以著素為妥，不要穿色彩鮮豔的新衣服。打扮與周圍環境相協調，才會給人一種美感。
- **打扮要符合職業身分**：如果你是教師，就要透過服飾樹立起端莊、穩重、富有智慧的形象，服裝要典雅、大方。如果你是位律師，就要透過服裝給人一種濃厚的權威感，女性切忌把自己打扮成可愛、輕佻或無助虛弱的樣子。如果你是辦公室工作人員，男性的服裝應該嚴肅、穩重，以顯示男子漢在事業上的追求；女性也不能穿過於豔麗、時髦的服裝。
- **打扮要符合公司形象**：有些公司可能對職員著裝有嚴格規定，比如西裝是男性的辦公服，女職員則必須穿職業女裝等，以此來反映良好的公司形象，你購買服裝時一定要考慮到這一點。
- **打扮要符合你的個性**：從裝束上可以看出一個人的好惡取捨、性格特徵，即所謂的「視其裝而知其人」。在符合以上兩個要求的基礎上，你的著裝應該符合你的個性，切忌盲目模仿他人。

舉止

一個人的長相好，也善於打扮，外表給人的印象的確不錯。但如果舉止粗野，就像成語所說的「金玉其外，敗絮其中」和俗話「繡花枕頭」一樣，人們就會對他（她）產生反感。

人們常說，坐要坐相，站要站相，走要走相，講的就是動作姿勢。這些「小節」大有講究必要。美的動作姿勢給人以悅目、舒適之感；醜的動作姿勢，給人以反感、厭惡的印象。

人的風度和動作，有著明顯的性別之分，男的和女的各有各的美態標準。男屬陽，女屬陰，男的要有陽剛之美，女的要有陰柔之美。男的要有男人的氣質，要表現出男人的剛勁、強壯、粗獷、英勇、威武之貌，給人一種「動」的壯美感。女的要有女人的特點，要表現出女性的溫順、纖細、輕盈、嫻靜、典雅之姿，給人一種「靜」的優美感。

有些人貌不驚人，甚至還有點醜，卻贏得人們的好感與敬意；有些人一表人才卻並不討人喜歡，固然與各自的品格有關，但其舉止是否文明也是原因之一，有時還是相當重要的原因之一。

語言

語言美，就是要言之有禮。有禮的語言可以概括為文雅、和氣和謙遜三個方面。

文雅的語言，是指在社會中要學會使用日常生活中的招呼語、見面語、感謝語和致歉語。在這方面，我們已經概括為「禮貌用語十個字」：請、您好、謝謝、對不起、再見！這十個字，包括了上述四個方面，應用得好，就會給人以「有教養」的好印象。

語言的文雅還表現在語調、語氣上。同樣的語詞，可以表達不同的思想感情，即使是禮貌用語十個字也是一樣。比如：「對不起」一詞，可以表示歉意或友好的情感，也可以表示威脅或諷刺。因此，在社交場合一定要注意把語意和語調、語氣結合起來，使語調、語氣溫和、親切。

文雅的對立面是粗俗，用語時一定要力戒。帶有流氓習氣的粗話和帶有庸俗味的俗話一定要從語言中清除出去，就像不鋤掉雜草莊稼長不好的道理一樣，不除掉粗話、俗話，語言是優雅不起來的。

和氣，就是要心平氣和地和別人說話。語言和氣的中心是「以理服人，不強調奪理，不惡語傷人」。美言一句三春暖，在美言之下如果你有什麼不對，人家亦可包涵。

謙遜，就是要尊重對方，多用商量、討論的口吻說話。

謙遜的語言，首先是「謙稱己，恭稱人」，就是要養成對人用敬語、對己用謙詞的習慣。這方面，中文的語言是很豐富的，如稱對方用「您」等等，要牢記、常用、形成習慣。其次是多用祈求和商量的語氣，不用或盡可能少用命令的語氣，遇上不得不用時，語調也不應緩和，不能盛氣凌人。

具備當官的「料」

要想得到晉升，你不僅要具有相對的知識，還要具備當官的「料」，當官的「料」包括：文字表達能力、口頭表達能力、領導能力和人際社交能力。

文字表達能力

文字表達能力。領導者具有較高的文學寫字能力，能促使自己的決策思想系統化、條理化、規範化，便於指導和改進全面的工作；能幫助自己更好地總結經驗教訓，抓好正反兩方面的典型，推動面上的工作；還能使自己比別人更迅速地處理各種公文和資料，提升工作效率。具備較強的文字表達能力，能使領導者的各項基本素養不斷趨於完善，從而最大限度地發揮潛能，使自己向著更高層次的水準發展。

在歷史上，凡是著名的領袖人物都是善於寫作的。邱吉爾、羅斯福、戴高樂都曾經當過記者，辦過報紙、雜誌，寫過書。

口頭表達能力

口頭表達能力主要包括在各種會議上的演講能力；對不同對象的說服能力；以及在面對複雜情況的答辯能力。這三種能力恰恰是目前不少基層主管，甚至包括一些高層的主管所缺乏的。有些主管，不善於在各種大眾面前精闢地表述自己的想法見解，甚至講兩三分鐘的短話也要祕書事先擬一篇講稿，還有的主管在找下屬談話時，明明真理在手但卻說服不了對方。有時候，遇到發問竟然無言以對，缺乏基本的答辯能力。由此可見，不僅是領導者，就是身為一名及格的主管，也應具有一定的口頭表達能力。而對於領導者來說，不斷地提升自己的口頭表達能力，就顯得尤為重要了。

具備出色的口頭表達能力有助於提升和完善領導者的組織指揮能力，疏通協調能力，做好思想政治工作。

領導能力

領導能力的主要組成是「識人」、「育人」、「用人」三部分。古語說「士為知己者死」，用現在的話來說就是「人為知己者用」。位居主管地位的人如果沒有識英雄的慧眼，下屬是絕對不會激起幹勁的。時代要求領導者要以公平而客觀的原則去評估選人，提拔真正有才能的人，這就是「識人」，是培養領導能力的第一件事。發現了人才要在實踐中培養，要激發他們的積極性，使之成為骨幹力量，這就是「育人」，是培養領導能力的第二件事。對人用而不疑，放手大膽地使用，並根據不同素養，委託以不同的責任；根據不同情況，給予不同形式的指導，這就是「用人」，是培養領導能力的第三件事。學會了「識人」、「育人」和「用人」，就掌握了主管藝術中的全部行動能力。無論你現在是否在主管位置，都將是你走向成功的重要因素。

人際社交能力

天時、地利、人和是成功的三大要素。而其中天時不如地利，地利不如人和。的確，不管做什麼，其成功之途，人際關係是個不可忽視的因素。

現代社會中，人們來往時奉行一種公平利益原則，即互惠關係，來往雙方應互相提供利益。由此可見，在現代社會中人際社交的需求增多，機會增加，我們所要進行的任何事情都必須在與他人的來往中完成。

卡內基大學曾對1萬多案例進行分析，結果發現「智慧」、「專門技術」和「經驗」只占成功因素的15%，其餘的85%決定於人際關係。哈佛大學就業指導小組調查的結果表明：數千名被解僱的男女中，人際關係不好的比不稱職的高出兩倍。其他許多研究報告也都證明，在調動的人員中，因人際關係不好、無法施展其所長的占絕大多數。因此，良好的人際關係是一個人取得成功所必須具備的一種素養。

打造你的自我標識

這位8年以後成為美國眾議院主席，眼下還只是議會的一名新成員的尤哈隆，正要在議會的會議上初次致詞。

「這位從伊利諾州來的紳士，一定在他的袋子裡藏著雀麥。」一位帶有譏諷口吻的議員在尤哈隆站起時說了這句話，頓時引得會場一陣笑聲。尤哈隆，他沒有迴避和採取高姿態的忍讓，他銳利地說：「是的先生，不

但我的袋子裡裝著雀麥，連我的頭髮裡也夾著草籽呢！」就是因為這一句，使他跨入了顯赫的地位，這位「草籽議員」的名字從此傳遍全國。

有人說這不過是件極為偶然的事，但仔細想來，身為一名新議員的尤哈隆的言語確有一種駕馭人的氣度。

不過，這種方式也有它的危險性，最主要的是：不少人都想使用「個人展覽」，但實際上僅僅是炫耀誇張而已，因為他並沒有也不想去實施任何晉升計畫，這種人僅能滿足的只是個人的虛榮心。

羅斯福總統被譽為「拿破崙以後最成功的政治界的展覽者」，他所用的也是這種方法。有一次羅斯福和司巴克斯在牡蠣灣（Oyster Bay）的時候，在離他們不遠的地方早已架好了一架活動攝影機，以便隨時攝下羅斯福的舉止、儀態。司巴克斯後來談到了當時羅斯福的表演：「起先他說了幾句話，說話時雙手插在褲袋裡，當攝影者開始起動攝影機時，羅斯福立即將雙手從褲袋裡抽出來，並開始做許多手勢，不僅顯得自然，更顯得鎮定幽雅，還可以說是相當富於政治家的氣度。」

美國一名著名的攝影家也曾說過，「在拍攝羅斯福的姿態時，他常拒絕做那種人為的姿勢，他極力主張在動作時拍攝鏡頭，不論此時他的臉龐是否扭曲或者姿勢是否難看。羅斯福樹立起他的另一個標識是：常使他們的姿態保持氣度。」

銀行家約翰發迅是一位在芝加哥深受人信愛的人，有一次他曾向一名寫作者說：他常繫紅領結，以便使人記得他。他還說，獨特的外表裝飾也是一種極好的標識。

不過，要注意的是標識應流露於自然，順應於不同的場合，不能有虛偽或假冒之處。

尤哈隆這位「草籽議員」帶有他那種特殊的鄉村氣息，也代表著許許多多的農家人；羅斯福真實的愛好「勤奮的生活」，證明他確是個「牧牛的童子」和「莽撞的騎士」出身。至於約翰發迅的紅領結，則屬於人自然的習慣和嗜好所為。

所以，使用這種獨特鮮明的標識，需要遵循的規則是：保持你的自然魅力與天真。

上面所涉及的是名人的自我標識，其實機關裡的屬員、商業裡的職員、演藝界的演員等等，也可運用這種方法去博得他的主管的注意與好感，在眾人中顯得出類拔萃。

在阿摩的公司裡有位名叫阿托拉斯的年輕人，因為阿摩每天一大早就到工廠，他自己也照著阿摩的樣子去做，只是不穿工作服，而是穿一件粉紅色的運動衫。有一天，阿摩問身邊的人：「他是誰？」從此以後，阿托拉斯便引起了阿摩的注意，隨即便從眾多職員中被挑選出來。據說他之所以能夠崛起，成為公司的總經理，與他能巧妙地運用這種自我標識有很大關係。

另一個例子便是在美國人人愛慕的作家苔瑪哥。有一天正下著大雪，他穿著一身潔白的法蘭絨薄衫，信步走過華盛頓的大街小巷，由此引起了華盛頓乃至全國人士的注意。當時的苔瑪哥正在爭取國會通過他提議的那條關於版權法的法律草案，而這種奇特的裝飾，則是他在實施自己計畫的一部分。後來克拉克告訴人們：「苔瑪哥的白法蘭絨裝如同白雪一樣，不但成為全城，也成為全國巷議街談的話題。」依據苔瑪哥當時在人們心目中的地位，加上他的這種奇特的行為，不論在何處都引起了反響，報紙、電臺等媒介都予以了報導。結果，本來不太受重視的提案卻得到了詳盡的商討，稍經修改後，終於成為一條法律公布於眾。

苔瑪哥的這種方式，雖然當時令眾人不解，但為使他的計畫引得眾人的注意，這種暫時的微詞也是值得的。可見，這也是自我標識的一種可以

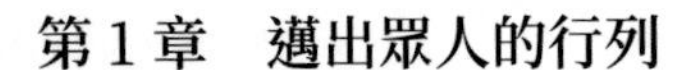

效仿的途徑。

其實，這樣的例子很多。福特和他的汽車公司常有不少笑話，令千百萬人提及時捧腹不止。對此，福特曾帶著得意的口吻對他的友人說：「不要小瞧它，那些笑話是很好的廣告宣傳！」

在自我標識的過程中，也要審時度勢，順應潮流，否則有時會達到相反的作用，標識的結果會使旁人獲利。應驗了一句古訓便是：「有心栽花花不發，無心插柳柳成蔭。」

波克便做過這樣的事。

在當時，女人帽子上的羽飾非常流行，而波克卻別出心裁，他在《婦女與健康》雜誌上發表了一篇抨擊這種時尚的文章，奉勸愛流行的婦女們以人道的立場，停止佩帶用羽毛裝飾的帽子。為此，他還拿出許多相片，以顯示某些較珍貴的鳥類受凍、挨餓的種種慘狀。4 個月的爭論後，波克所獲的唯一結果是：羽飾女帽的銷售量一下子增加了 4 倍以上。波克原以為這樣做可以標識自己，攻擊他人，結果卻適得其反；而對於羽飾商人來說，取得了意想不到的效果。

不過，得到旁人不利的注意，反而使之變為有利，這種策略不能常用。這種標識策略之所以能助於苔瑪哥、福特以及女帽羽飾商人，可能與以下幾點有關：

- 他們都能向人們提供一些切合實際需求的東西。福特有他的價廉質優的汽車，苔瑪哥有他的法律草案，羽飾商人卻給了愛流行的婦女們美的點綴與享受。
- 他們吸引別人注意的都是一種最有把握的方法 —— 動之以情。能夠激起人們激動的事情，人們是不會輕易忘卻的。

- 人的感情，視物或者視人，都具有易變性。因此，要吸引人家的注意，必須依照人們的嗜好與情感需求。

唐代才子陳子昂最初進京時根本不為人知，他整日冥思苦想怎樣提升自己的知名度。

有一次，有個人賣胡琴，要價一百緡錢。那些豪紳貴族們傳看了許久，無人能辨出好壞。這時，陳子昂突然出現在賣主面前，對左右的人說：「到我家去取一千緡錢吧！這琴我買下了！」眾人吃驚地詢問他為什麼出如此高價，是不是胡琴有什麼特殊的地方。陳子昂答道：「我善於演奏這種樂器。」大家都說：「可以聽聽你演奏的曲子嗎？」陳子昂說：「如果願意，你們明日可以到宜陽會齊，到時我為大家演奏。」

第二天，眾人如期前往。到那一看，見陳子昂已將酒餚準備齊全，胡琴就放在席前。吃喝完畢，陳子昂激動地對眾人說：「我陳子昂本是才子，有文章一百軸。可惜的是，我風塵僕僕到了京城卻不為人知。這種樂器是低賤的樂工所演奏的，我怎麼會對這玩意感興趣呢？」說完，舉起胡琴摔碎在地上，然後，把文軸遍贈於參加宴會的人。

結果，陳子昂的名字在一日之內傳遍了京城。值得注意的是，任何單靠吸引人注意以樹立榮譽的方法，都具有危險性。贏得人們注意是重要的，也可以採取多種途徑，但最終的目的只有一個：即引起人們對自己的好感。只有這樣，才算是取得了策略上的成功。

標識自我，以誠相待；引人注目，不可虛偽欺世。

取得他人的尊重

良好的個人品性是一切人才應具有的基本素養，它是受人尊重不可或缺的因素，也是要得到晉升的下屬所應具備的各種內在條件中最重要的組成部分。它包括如下幾個方面：

謙遜

把自己的業績經常掛在嘴邊大吹大擂，或不斷地拿它去炫耀，這就囂張過度了，應該有所克制。

很多剛走上工作職位的人不懂得這種心理，往往希望從一開始就引人注目，誇耀自己的學歷、本事和才能，即使別人相信，形成心理定勢之後，如果你工作稍有差錯或失誤，就會被人瞧不起。試想，如果一個大學生和博士做出了同樣的成績，人家會更看重誰？人家會說大學生了不起。因為博士的學歷高，理應本領會更高，可是卻和大學生一樣，所以有什麼了不起的？

有位名叫克里斯的美國總統生平有兩則膾炙人口的事，在這軼事中我們可以發現做人的另一種藝術。

眾所周知，克里斯是以謙遜而聞名的。第一則軼事即是他的謙遜；第二則軼事從表面上看，正好與他謙遜的美德相反，但仔細分析，其實質仍是出自於謙遜。

克里斯在阿姆斯壯大學（Armstrong University）的最後一年，獲得了一枚金質獎章，是由美國歷史學會獎給的最高榮譽。這在全美國來講，也是件很榮耀的事情，可克里斯並沒有把這件事向任何人講，甚至連自己父母都沒說。畢業後，聘用他的裁判官伏爾特，無意中從 6 週以前一份雜誌的消息中發現了這一記載，這使他對克里斯備加讚賞與青睞，不久便給了他一個很重要的職位。

在克里斯的全部事業中，從一名小小的職員一直上升為著名的總統，常以這種真誠謙遜的風貌出現在眾人眼前，他也由此而聞名。

克里斯的第二件軼事是：

在克里斯從事麻省議員連任競選的時候，在進行投票的前一晚，他將一個小小的手提袋包裝好，急步向雷桑波頓車站走去，因為他忽然聽到省議會議長一席空缺的消息。兩天以後，他從波士頓回來，而他那小而黑的手提袋裡已裝滿了多數議員同意他為省議會議長候選人的簽名。就這樣，克里斯開始正式踏上自己的政治生涯，就任麻省省議會議長職務。

在適當的時機、對著合適的人，這位歷來謙遜的人，用最敏捷的方法脫穎而出。真是不鳴則已，一鳴驚人；不飛則已，一飛沖天。

可見，在平時以真誠的謙遜態度待人，博得大眾的好感，為自己事業的騰飛奠定基礎；一旦時機成熟或者機遇已到，就要充分利用謙遜所帶來的社會好感，一蹴而就，達到目的。

另一個以謙遜聞名於世的人，便是美國南北戰爭時期南方聯盟的戰將傑克森。

有人說「天賦的謙遜」是傑克森顯著的特性和優秀的素養。

在西點軍校時，他便以謙遜著稱。在「石城戰役」大捷中，本來是由他指揮的，但他卻一再堅持說，功勞應屬於全體官兵，而不屬於他自己。還有一例就是，在墨西哥戰鬥中，總司令斯哥托對他的指揮能力予以了極高的評價，而傑克森從未向任何人提起過這事。

不過，傑克森並不是視功名如糞土，從墨西哥戰爭開始時他給姐姐的一封信中便可以看出，他充滿了樹立聲譽、博得大眾注目的計畫，而那個時候他只不過是一個副官。在他後來的事業進程中，這位勇敢、謙遜而聰明過人的人，巧妙地運用了他向上進取的每一個計畫，使斯哥托將軍大為好感，在他的手下，傑克森得到了不斷的提拔。

對此，我們不難看出，傑克森謙遜的雙重性與克里斯何等相似！這些人所不願聲張的，只是那些一定會為人們所知道的事情；而當他的至關重要的功績被人們忽略時，他們也會立即採取必要的行動來顯示自己的 —— 這是一種實事求是的標識罷了。

所以，只有目光短淺、胸無大志的人才會時時標榜自己做了什麼，有的人為了標識自己，甚至在大眾面前掩飾自己的過失。像傑克森、克里斯等人可不是這樣，他們都能超脫這種淺薄的虛榮。他們深知人們所樂意接受和尊敬的是謙遜的人。

一個有功績而又十分謙遜的人，他的身價定會倍增。

對於謙遜，我們還要指明一點的是：在這個現實的世界，好的道德與才能，如果沒有人知道，則不會有很好的回報。這不僅是在欺騙自己，也是在欺騙別人，更是對自己功績的詆毀。所以，過度的謙虛並不是一種可取的美德。謙遜與恰當時候的自我標識相結合，是一個人獲得他人尊重的重要途徑，也是一個人獲得晉升的途徑之一。

守信

有一個古老的傳統，那就是對信用與名譽的注重。你聽說過「抱柱守信」的故事嗎？古時候，有個年輕人，和人相約在橋下。他等了許久，約會的人不來。一會兒，河水上漲，漫過橋來，他為了守信，死死地抱住橋柱，一個心眼地等待著友人的到來。河水越漲越高，竟把他淹死了。這位年輕人抱柱而死的行為儘管有點迂腐，然而，那種「言必信，行必果」的品格，卻是永遠值得人們敬佩的。

歷史上，這一類「待人以信」的故事，不勝枚舉。重視信用與名譽，已經成為古人做人的根本守則。是啊，信而又信，誰人不親呢？因此我們認為，為了樹立有信用的形象，應注意以下幾點：

量力許諾

某機關一個科長，向公司的青年職員許諾說，要讓他們中三分之二的人評上中級職稱。但當他向有關部門申報時，公司卻不能給他那麼多名額。他據理力爭，跑得腿酸，說得口乾，還是不解決問題。他又不願把情況告訴公司的職員，只對他們說：「放心，放心，我既然答應了，一定要做到。」

最後，職稱評定情況公布了，眾人大失所望，把他罵得一錢不值。甚至有人當面指著他說：「科長，我的中級職稱呢？你答應的呀。」從此，他既在公司信譽掃地，也在公司主管面前失去了好感。

有幾分把握，就實事求是地說幾分。有經驗的人一看你「輕諾」，就知道「寡信」。而一聽你說：「對不起，這件事我不能打包票，但我可以努力爭取試試看。」就知道你是靠得住的人。

善於彌補

儘管許多人都自詡為「一言九鼎」的君子，但可以肯定地說：他們絕對沒有實現他們所有的諾言。有許多諾言，能否成功實現，不只取決於主觀的努力，還有一個客觀的因素。有些事情許諾的時候可以辦到，但後來客觀條件起了變化，一時難辦也未必。

小張曾答應給某公司 50 噸鋼材，但當他跑去找鋼鐵廠業務部的叔叔時，發現他叔叔已調至別的部門，50 噸鋼材難以籌到。小張得知事情有點棘手後，在第一時間裡就打電話給該公司，說明原因，並主動提出是否需

要他供應 100 噸市場緊俏的「××牌」水泥。在得到對方的諒解與同意後，小張馬上將 100 噸「××牌」水泥交到該公司。此事過後，該公司不但沒有因為小張的失信而責怪他，反而更加信任他。

自信

凡事都要抱有希望、充滿自信，相信自己定能成功，這是通向成功之路的一個重要的心態。

有信心才會有勇氣，才會驅使你不斷追求直到成功。成功者和失敗者都曾有過許多失敗的教訓，但成功者能夠鍥而不捨，越挫越勇，終於獲得成功，因為他們深信自己能使理想得以實現。大音樂家華格納遭受同時代人的批評攻擊，但他對自己有信心，終於戰勝世人，獨占鰲頭。

缺乏自信常常是人們性格軟弱、晉升不能成功的一個重要原因。《聖經》中說，一個人如果自慚形穢，他就永遠成不了完人；一個時常懷疑自己能力的人永遠也不會獲得成功，而一個充滿自信的人，就會成為自己希望成為的那種人。先後任福特總經理和克萊斯勒汽車公司總裁的艾科卡（Lee Iacocca）是美國乃至全世界都家喻戶曉的人物，他雖曾有過許多辛酸和苦痛，但正是他的自信使他獲得了驚人的成功，成為一個真正的強者而備受人們的稱讚。

一個人晉升之路是不平坦的，將會面臨著各種困難，也會遇到眾多競爭對手的挑戰。所以一方面要有自信心戰勝困難，另一方面也不要過高地估計對手，否則你會敗下陣來。要相信自己，戰勝自己，才能戰勝對手，進而才能與成功結緣。自信心是人生重要的精神支柱，也是人們行為的內在動力。

人格魅力

人格魅力來自於完善的人格，真誠待人則是贏得人心、產生吸引力的必要前提。真誠待人可以更多地贏得別人的信賴和了解，能得到更多的支持和合作，因而獲得更多的晉升機遇。

霍華德說：「這是一種不可言喻的兩情相悅，他給予我們的，猶如芳香給予花兒一樣。」這話怎麼講呢？就是人人自己可修養的人格，存在於人人都具有的「不可言喻的美」的後面。

這種人格，或許是我們看見的他們的目光，或許是我們看見的他們的微笑，或許是我們看見的他們的舉止言談。如果把這些「人格」合在一起，我們便得到一個印象，一個結論：他們很得別人的喜歡，使別人對他們饒有興趣。我們在不知不覺之中便和他們接近，成為朋友。這其中，不但我們提升了自我，而且也發展了人格，而使我們相悅的他們也亦然。

因此，可以這樣說，這些令我們喜愛的他人身上的「人格」特徵，是他人身上放射的一種魅力。許多人，無論他們的相貌是否英俊，都具有這種人格的魅力，具有令人尊敬、愛戴的凝聚力。凡具有領袖才略的人，都是這種人格的魅力使然。

如何獲得人格的魅力？這是芸芸眾生所共求的一個目標。對此，有一個關鍵所在，那就是對別人要有出自內心的興趣。

社會上有許許多多的人，明顯缺乏的便是這種對人的興趣。其原因，便是他們在應酬人際關係的人生舞臺上既不具備天生的人格魅力，又不去努力。他們漠視人生，這就好比是打桌球的人，不精通打；玩高爾夫球的人，不精通玩。於是，他們總是輸家，在人生的舞臺上亦然。

社會上更有一些人，每每把我們人格特性剝奪，把我們對別人的趣味減輕，把我們的不可言喻的美德窒息。如果我們受了他們的影響而失去了我們的魅力，那便是我們的失敗；如果我們抗拒他們的影響，把我們的魅力發揮出來，那便是我們的成功。

沒有人能強迫我們對別人發生興趣，可是我們自己應該建立起對別人的興趣。這種事情其實並不難做，只要我們多加小心，明白我們應該怎麼做，不該怎麼做，小心地與別人周旋，就能發揮我們健全人格的威力，成為具有魅力的、讓人覺得善意好感的贏家。

只要我們處事不驚，應對有方，在待人接物中處處制勝，那麼，我們對人的興趣便自然而然地滋長了，同時，我們的特性和自信心也隨之而來了。到那時，一面關心他人的人格，一面發展自己的人格，便不是什麼太難的事情。

把不喜歡的工作做好

首先，讓我們來討論工作的定義。許多人認為：所謂工作，就是一個人為了賺取薪水而不得不做的事情。另一部分人對工作則抱著大不相同的見解，他們認為：工作是伸展自己才能的舞臺，是鍛鍊自己的武器，是實現自我價值的工具。

日本M電機公司的課長山田曾表示：之所以有的員工認為工作是為了賺取薪水而不得不做的事情，是由於他們都缺乏扎實的工作觀。同時，他以一種非常遺憾的口吻回憶了他自己年輕時候的教訓：

山田先生從大學畢業進入M電機公司時，便被派往財務課就職，做一些單調的記帳工作。由於這份工作連中學或高中的畢業生都能勝任，山田先生覺得自己一個大學畢業生來做這種枯燥乏味的工作，實在是大材小用，於是無法在工作上全力投入；加上山田先生大學時代的成績非常優異，因此，他更加輕視這份工作。因為他的疏忽，工作時常發生錯誤，遭到主管責罵。

山田先生認為，自己假如當時能夠不看輕這份工作，好好地學習自己並不專長的財務工作，便能從財務方面了解整個公司。這樣一來，財務工作就會變得很有趣。然而他由於自己輕蔑這份工作而致使學習的良機從手中流失，直到後來，財務仍是山田脆弱的一環。

由於山田對財務工作沒有全力以赴，以至於被認為不適合做財務工作而被降調至營業部門。但身為推銷員，又必須周旋於激烈的銷售競爭中，於是又陷入窘境，這對山田而言，又是一種不滿。他並不想做一個推銷員才進入這家公司的，他認為如果讓他做企劃方面的工作，一定能夠充分發揮他的才能，但公司卻讓他做一個推銷員而任人驅使，實在令人抬不起頭。所以，他又非常輕視推銷的工作，盡可能設法偷懶。因此，他只能達到一個營業部職員最低的業績標準。

現在回想起來，如果當時能夠不輕視推銷工作而全力以赴，山田就能夠磨練自己在人際關係上的應對進退能力，並能培養準確掌握對手心態的方法，而加以適當的應對等經商辨別力。然而，山田當時卻一味敷衍了事，以至於後來仍對自己人際關係的能力沒有自信，這對目前的山田而言，也是非常弱的一環。

山田先生因此而喪失身為一個推銷員的資格，並被調至調查課。與過去的工作比起來，似乎調查工作最適合山田先生，終於讓山田先生感覺遭逢一份有意義的工作，而熱愛並投身於此，因此才逐漸提升其工作績效。

但由於過去五年左右的時間，山田非常粗心的工作態度，使他的考核成績非常不理想，當同期的夥伴都已晉升為科長時，只有他陷於被遺漏下來的窘境。

這對於山田先生是一個非常大的教訓。過去公司所有指派的工作，對於山田先生而言，都各具意義。然而，由於山田只看到工作的缺點，以致無法了解這些工作乃是磨練自己弱點的最佳機會，也就無法從工作上學習到經驗而遺憾至今。

大多數的人未必一開始就能獲得非常有意義的工作，或非常適合自己的工作。倒是有相當一部分的人，剛開始都被派做一些非常單調呆板和自認毫無意義的工作，於是認為自己的工作枯燥無味或說公司一點都不能發現自己的才能，因而粗心行事，以至於無法從該工作中學到任何東西。

對待任何工作，正確的工作態度應是：耐心去做這些單調的工作，以培養出克己的心智。如果最初無法培養出這種克己的心智，漸漸地便難以忍受呆板單調的工作，而一個又一個的調換工作場所，並慢慢地被調到條件差的工作職位，而逐漸成為無用的人。

所以即使是單調且無趣的工作，也應該學習各種富有創意的方法，使該工作變得更為有趣且富有意義。

傳達室的小劉在每天必做的發報紙工作中，想盡辦法要符合人的所需，創造出扇形的報紙排列法，使大家驚喜不已。千萬不可因為工作性質單調、呆板而虛應了事，應該以認真的態度去處理，並想出一些富有創意的辦法，而得以學習到許多事物。

就上班族而言，最重要的是在年輕時代去體驗各種工作，特別是去經歷自己所不專長的工作，從而開拓自己所不擅長的能力。這是因為——在財務方面所知有限、不善處理人際關係、缺乏營業觀念和技術不精等缺點，對一個上班族而言，將導致難以大展宏圖的困境。

在當今時代，如果僅專精於一個領域，將會成為一個專業愚才，而對於一個上班族而言，就很可能會停滯在最低層級。因此，越是向高處走，就越需要能將所有的事物作綜合性判斷的整合思考能力；如果想要具備這種能力，須在年輕的時候，樂於接受自己所不專長的工作，並設法精通，這是非常重要的。在此觀念下，我們便能從日常的工作中學習到許多知識。

勿以事小而不為

勿以事小而不為，要將行動所得到的知識累積起來做為基礎，並做為邁向下一個階段的構想。

只是一個人能夠做的事情，往往與理想的距離較遠，而且做起來也不是那麼容易就可以達成的。

自己所完成的「小成績」，可以從書本上得到證明，也可以和此方面的專家談一談，如此就可獲得寶貴的建議和支持。

如此一來，小的成績便可以逐漸擴充，從而為自己的發展奠定基礎。

不管什麼樣的構想都是好的，但是如果範圍較大的事情，只是想而不做，也是沒有價值可言，還不如小事情也有實行的價值。

事情即使再小，但「只要能夠做出成績來」，就是一個了不起的人，對自己的成績有了自信心，就能增加好幾倍的效力。

這樣一來，或許在不知不覺間會出現支持者和援助者，就如同前面所提過的例子，如果你想要 1 億元的話，首先應先存夠 10 萬元，當然這並不只限於金錢，但因為舉金錢的例子，讀者非常容易明白，所以才舉金錢的例子。一個人如果連 10 萬元也無法存到，那麼 1 億元就永遠像是一個夢想一樣，到後來也只是「空想」罷了。當然更不會有人願意把錢借給這種人，如果能存 10 萬元，或許他人就會給予幫助，當然這種可能性還

是非常小的。因為對一個連 10 萬元都沒有的人而言，1 億元真的是一個天文數字，即使說在一年中能存 10 萬元，然後以這個基礎不斷地向前推進，使得 10 年之後有 100 萬，100 年之後有 1 千萬，但在事實上距離 1 億元，還需要花費 1,000 年，所以即使終其一生，也是無法達到目標的。但筆者相信沒有人會以這種方法計算的，如果再加上投資的話，就可以更快達到目標，這應該是任何人都可以了解的。

因為只是存了 10 萬元的話，距離 1 億元還差得很遠，所以如果能要求他人給予協助，而將這一點加以運用的話，那麼在 10 年後就可以增加好幾倍了，特別現在是一個低利率的時代，如果僅僅是以定期存款來生利息是不行的，所以只有仔細研究，如何使一年的 10 萬元，在 10 年之後達到了 500 萬元的數字，但這絕不是利用非法手段得來的，如果照前面所說的單純方法計算，10 年間就可以增加 5 倍以上，當你用這 10 萬元去做擔保借到更多的資金，就可以對一項新的事業做投資了。

這裡所舉的「金錢」例子，是以一種非常單純的形態來表示的，但是一般的「能力」和「社會性地位」與「事業」等等也是相同的。

如果能夠將小小的實績提升，再不斷地擴充、累積，就可以使你的「自信心」、「知識」、「社會性的信用」逐漸地擴充。

在最初為 10 萬元，但年年增加，就可以以幾何級數飛躍地成長，任何事情也都是如此的。

最初只是小小的實績，但在 10 年之後或許可成長至 50 倍，甚至百倍。

不管是金錢、能力、地位、事業，在短期間內都不可能有太快速的成長，但是在經過了 5 年、10 年之後，應該做的事情，已經可以逐漸地熟悉了，這時就可以親身感覺到自己的能力。

不管任何事情，在進入正常的軌道之前，總會有許許多多的障礙和挫折。特別是無法得到主管的認可和周圍其他人的協助，當他人無法了解你的苦衷時，你會覺得非常痛苦。

不管是要完成一件事情，或改善、改革一件事，都必須以「好奇心」為其先決條件，但是這種「具有好奇心的人」，在現今的社會裡畢竟是屬於少數派，很可能是孤獨的，所以當有一個「構想」時，其觀念越新，則外來的抵抗力就會越大，所以如果你有新的構想，你就必須有一個心理準備，也許你會被視為一個奇怪的人。

所以我們要想到，在改善日常的工作環境或自我革新時，會受到一些人的抗拒，或者必須做某些方面的犧牲，有時甚至連生命都會受到威脅，有的人就是因為如此，即使有很強烈的好奇心，也不敢輕易地提出，因為一旦提出了改善方案，往往會受到強烈的反對，像這種情形實在是很令人遺憾。

為了使你的構想和計畫不至於因為面臨巨大的壓力和周圍人的反對而無法實行，所以必須努力。那就是——

只有從自己會做的開始，再不斷地累積小小的實績，然後逐漸地增加同伴和贊同者。

注意其他公司的動向，然後進行模擬，並增強自己的自信心。

當你感覺「這是必要的、是好的、是一定要實現的」事情時，就應該嘗試著去掌握重點，並研究如何使之達成的方法，如果只是勉強地一意孤行，則好不容易才有的志氣、構想、提案，將因受到強大的壓力和反對而被打垮。

自己覺得應做的事，必須逐步地向前進，並等待機會的來臨。但這絕對不是什麼事都不做就可以了，在等待「好機會的來臨」時，必須發動引擎，隨時準備出擊。

即使遭到反對和抗拒，也必須不氣餒地向前。秣馬厲兵，等待機會的來臨。這種心態是非常必要的。而且，千萬不可以忘記要隨時掌握住時代的大潮流。

雖然很幸運，構想得到了公司的認可，為了克服各種障礙，所以必須順著軌道而行。

但是也絕對不可以就此鬆懈了，因為社會的環境在不斷地變化，人們的心態也在不斷地跟著轉變。雖然在剛開始的時候，一切都覺得非常新鮮，但總有一天也會褪色，甚至變得毫不值錢。

像這種事在我們身邊可以說是層出不窮的。例如小集團的活動和提案制度等等，常常會出現這種現象。在剛開始的時候，每一個人都充滿了幹勁，不斷提出新的提案和構想，工作環境充滿了活躍的氣氛，就好像起死回生般的出現了奇蹟。但是這也僅僅是一個「短暫的現象」罷了，當有一天這火花消逝時，整個團體又會產生出惰性來。

公司團體的改革也是如此，為了消除一些舊有的弊病，為了使一個公司更有幹勁，最重要的就是一個新的團體必須配合新的環境，當然，除此之外還必須要有一股新的活力來源。

同樣的做法、同樣的體制在不斷地持續著，但在剛開始時，一切是多麼的新、多麼的富有創造性，可是在不到一會兒的時間就變得又老又舊，對於這一點，我們可以從「任何的時代裡，年輕人總認為中年以上的人是古板的」得到印證。相反，「年長者總認為現代的年輕人是多麼的無知」。相信在你年輕的時候，你一定也批評過你的主管，前輩是一個「又老又頑固的人」，然而隨著年齡的增加，你到了過去你的主管和前輩的年齡，終於也被後輩稱為是「一個又老又頑固的人」了。

當我們了解了這一點以後，就應該經常在內心裡自己反省著「這樣做就可以了嗎？」經常在內心裡保持著如何突破自我的心態，而且還必須經常有一股吸取新知識，拋棄陳舊東西的活力，但是最重要的是必須使一些新的潮流正常化，如果稍微鬆懈了，或認為「這樣子就可以了」，就會使一切都停滯不前。不過有的時候當你認為這是最好的，而果斷地去實行，也有可能會被批評為比以前還要差勁。

任何人對於自己所想要做的事情，在達成之前都會花許多的時間做各種的努力，但是有許多人往往在取得初步成功後，就抱著「守成」的觀念，再也不肯更進一步了。像這種人就會阻礙了後繼者前進的道路，甚至壓抑了其他人的成長，對於此點不能不多加注意。

身體是晉升的本錢

要想得到晉升，除了具備各種知識和能力外，你還要有健康的身體。

身心健康是最重要的能力，也是最巨大的資本。人要是身體不健康，就會力不從心，失去思維能力和行動能力。

可以打個比喻，身體是個乘數，其他諸條件之和為被乘數，而其積為成功機率。如果身體不健康，其極端值為 0；其他條件為最高值 100，因為 0 乘任何值都得 0，其積也是 0。這就是說，身體不好，縱有天大的本事，也是枉然。

只有身體健康，才有旺盛的精力，才有可能藉此並結合其他條件走向成功。

某機械廠生產線主任，30 歲，國立大學畢業，不僅在技術方面在廠裡是數一數二，管理與組織能力也相當強。

在廠裡 2023 年進行主管換屆選舉時，他被提名為主管生產的副廠長候選人。廠裡主管憐才愛才，有意提拔這位年輕的生產線主任，底下群眾也呼聲頗高，大都支持他。

但在選舉的前一週，那位年輕的生產線主任卻病倒在職位上。眾人慌忙送他去醫院，檢查出他患有肝癌，需要馬上進行手術，且聲明手術出院後，也只能做一些簡單的工作，不能過度勞累。

最後，不僅廠裡的副廠長無緣參與競爭，他連生產線主任的位置也沒保住。

因此，健康的身體是晉升道路上一個重要的保障，每一個渴望晉升的人都必須珍惜和善待它。

良禽擇木而棲

良禽擇木而棲，韓信捨項羽投靠劉邦，成就一番豐功偉業。跳槽並不是什麼難堪事，「君不賢，則臣投別國」，棄暗投明是你應誓死捍衛的權利。

當時面試的時候，那似乎是一個理想的職位，處處符合你的要求，你甚至以為自己終於找到一份好工作。把全部心思放在公司裡，希望一展所長，可是，你卻發現現今自己所做的，卻是一些很瑣碎而毫不重要的事情，換言之，你被拋到一個閒置的位置上，本來主管答應交給你具有挑戰性且有創意的工作，竟被任命給其他同事瓜分，你很生氣，是不是？

人在氣憤當中，往往會做出很衝動的事情，所以在你未採取行動向主管遞辭職信以前，還須三思，如果你是首次在這個行業發展，對很多事情仍感到陌生，你需要多做、多問、多學習，故而不該養成練精學懶的性格，更不可以斤斤計較，能夠有機會讓你深入了解自己的工作，什麼事情都讓你動手去做，這是你的福氣。

相反，如果你對現今的工作不感興趣，無法從中獲得成就感，最令你耿耿於懷的是，你的工作性質根本與你想像中的相差太遠，例如：面試之時，主管答應讓你任他的私人助理，結果其他同事把你當做打雜看待，事無大小，都叫你去跑腿，遇到這種不合理的現象時，你應該直接跟主管談談自己的感受與想法，事情可能會有轉機，主管開始重視你的價值。

如果你遇到下列情況，便要特別注意，也許這就是你跳槽的理由：

- 經營不善，老闆沒有眼光。
- 經營不透明，老闆把公司當成私人物品。
- 有能力的人紛紛辭職，無能力的人受到重用。
- 中階主管萎靡不振。
- 高階主管獨斷專行。

總之，當今社會是一個開放性的社會，工作也是一種雙向的選擇。老闆有權選擇你，你也有權選擇老闆。樹挪死，人挪活。

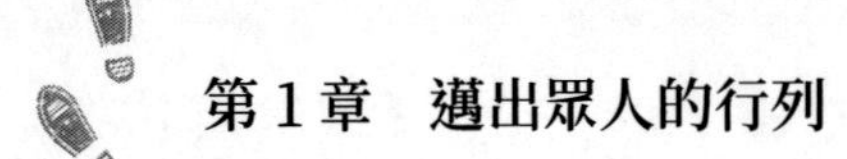

第 2 章
編織你的關係網

公司作為社會的一分子，其社會功能為你提供了結識各種能夠影響你晉升的決策人物的絕佳機會。

不管在公司裡擔任什麼職務，公司都給你提供了很好的機會去建立你的人際關係網，去結識你需要更好地了解的人，以便能夠實現你升遷的目標。

慧眼識能人，冷廟燒高香

平時不燒香，臨時抱佛腳，就算菩薩有靈，也絕不會幫助你。因為你平常心中就沒有佛祖，有事再來懇求，佛祖怎會充當你的工具呢？所以我們求神，應在平時燒香。而平時燒香，也表明自己別無希求，完全出於敬意，絕不是買賣；一旦有事，你去求它，它念在平時你的燒香熱忱，也不致拒絕。

燒香最好是找些平常沒多少人去的冷廟，不要只挑香火繁盛的熱廟。熱廟因為信徒太多，神仙的注意力分散，你去燒香，也不過是眾香客之一，顯不出你的誠意，神對你也不會有特別的好感。所以一旦有事求神，神對你只以眾人相待，不會特別照顧。

但冷廟的菩薩就不是這樣，平時冷廟門庭冷落車馬稀，無人禮敬，你卻很虔誠地去燒香，神對你當然特別在意。同樣燒一炷香，冷廟的神卻認為這是天大的人情，日後有事去求神，神自然特別照應。如果有一天風水轉變，冷廟成了熱廟，神對你還是會特別看待，不把你當成趨炎附勢之輩。

其實不只是廟有冷熱之分，人又何嘗不是？一個人是否能發達，要靠機遇。你的朋友當中，有沒有懷才不遇的人，如果有，這個朋友就是冷廟。你應該與熱廟一樣看待，時常去燒燒香，逢到佳節，送些禮物。又因為他是窮人，當然不會履行禮尚往來的習慣，並非他不知道還禮，而是無力還禮。不過他雖不曾還禮，但心中卻絕對不會忘記未還之禮，這是他欠的人情債，人情債越欠越多，他想還的越心切。所以當日後他否極泰來，他第一要還的人情債當然是你。他有清償的能力時，即使你不去請求，他也會自動還你。

有的人能力雖然很平庸，然而因時來運轉，也會成為不可一世的人物。人在得意的時候，一切就看得很平常，很容易，這是因為自負的緣故。如果你的境遇地位與他相差不多，來往當然無所謂得失。但如果你的境遇地位不及他，往來多時，反而會有趨炎附勢的錯覺。即使你極力結交，多方效勞，在對方看來也很平常，彼此感情不會有多少增進。只在對方轉入逆境，以前友好，反眼若不相識；以前車水馬龍，今則門可羅雀；以前一言九鼎，今則哀告不靈；以前無往不利，今則處處不順；他的繁華夢醒了，對人的了解，也非常清楚了。

識英雄於徽時，的確需要一定的眼力。古時一個大商賈的兒子，不繼承父親十倍利的商業，卻經營識人的百千倍的「業務」，終於輔助一淪落太子登上皇位，而成為一代顯貴。如果你認為對方是個英雄，就應及時結交，多多來往。或者乘機進以忠告，指示其所有的缺失，勉勵其改過遷善。如果自己有能力，更應給予適當的協助，甚至施予物質上的救濟。而物質上的救濟，不要等他開口，應隨時取得主動。有時對方很急著要，又不肯對你明言，或故意表示無此急需。你如得知情形，更應盡力幫忙，並且不能有絲毫得意的樣子，一面使他感覺受之有愧，一面又使他有知己之感。寸金之遇，一飯之恩，可以使他終生銘記。日後如有所需，他必奮身圖報。即使你無所需，他一朝否極泰來，也絕不會忘了你這個知己。

俗話說：「在家靠父母，出外靠朋友。」每個人生活在社會上，都要

靠朋友的幫助。但平時禮尚往來，相見甚歡，甚至婚喪喜慶、應酬飲宴，幾乎所有的朋友都是相同。而一朝勢弱，門可羅雀，能不落井下石、趁火打劫就不錯了，還敢期望雪中送炭、仗義相助嗎？

某大型船廠的副廠長，因為揭露廠長的弊端，被廠長羅列一些莫須有的罪名，停職審查達年餘。這一年中，先前趨炎附勢、笑臉相迎的各類中、基層主管一個個避之不及，生怕沾上他的晦氣。唯二生產線副主任大劉，常帶一瓶高粱酒去看望他，陪他喝酒聊天，為副廠長的遭遇而叫不平，令副廠長極為感動。

一年後，廠長東窗事發，身陷囹圄，副廠長官復原職，頓時門庭若市，個個帶著大包小包禮物來祝賀，唯獨大劉，仍是帶一瓶高粱酒。但這瓶高粱酒，卻只有副廠長能帶出分量。

副廠長官復原職後不久，即升任廠長。幾個月後，默默無聞的大劉連連晉升，最後成了負責生產的副廠長。

「人情冷暖，世態炎涼。」趁自己有能力時，多結交些潦倒英雄，使之能為己而用，這樣的發展才會無窮。

對他人的投資，最忌諱的是講近利，因為這樣就成了一種買賣，說難聽點更是種賄賂。如果對方是講骨氣之人，更會感到不高興，即使勉強接受，並不以為然。日後就算回報，也得半斤還八兩，沒什麼好處可言。

平時不屑往冷廟上香，臨到頭來抱佛腳也來不及了。一般人總以為冷廟的菩薩不靈，所以才成為冷廟。其實英雄落難，壯士潦倒，都是常見的事。只要一朝交泰，風雲際會，仍是會一飛沖天、一鳴驚人的。

從現在起，多注意一下你周圍的人，若有值得燒香的冷廟，千萬不要錯過了。

建立好人緣的途徑

在某種意義上，「人緣」是一個人職場晉升的支撐點。有個「好人緣」，你可以在別人的擁護中走向權力的巔峰；沒有「好人緣」，說不定本來的職員都保不住。

那麼，怎樣才能有個「好人緣」呢？

要有容人之量

有一間寺廟內有一尊笑容可掬的彌勒佛，佛像旁有一副對聯：「大肚能容，容天下難容之事；開口常笑，笑世間可笑之人。」這副對聯很耐人尋味。

人生在世，不如意事十之八九。人事糾葛，牽絲攀藤，盤根錯節。世態百味，甜酸苦辣，難以勝數。人際關係中，有時發生矛盾，心存芥蒂，產生隔閡，個中情結，剪不斷，理還亂，當何以處之？一種方法是「冤家路窄」，小肚雞腸，耿耿於懷；另一種方法，則是冤仇宜解不宜結——「相逢一笑泯恩仇」。毫無疑問，後一種態度是值得稱道的。

做人要厚道

在處理人際關係時，不能待人苛刻，使小心眼，「睚眥之怨必報」。別人有了成功，不能眼紅，不能嫉妒；別人有了不幸，不能幸災樂禍，落井下石，更不能刁難別人。

為人處世要有人情味

要關心人，愛護人，尊重人，理解人。人與人相處，應該減少「火藥味」，增加人情味。

要有急公好義的火熱心腸。人都有三災六難，五傷七癆，人吃五穀雜糧，哪能沒有一點病痛。你能在人家最困難的時候善解人意，急人所難，伸出友誼之手，替人家排憂解難，將是功德無量的大好事。

俗話說：「積財不如積德。」行善積德，能得高壽。舊時老城隍廟有一副對聯說得好：「做個好人，天知地鑑鬼神欽；行些善事，身正心安夢魂穩。」誠哉斯言！

待人以誠

誠實是人的第一美德。在古代原始人群的部落裡，撒謊是要受到最嚴厲的懲罰的。在處理人際關係時，應該是真心誠意，忠厚老實，心口如一，不藏奸，不投機取巧。不要在人生舞臺上，披上盔甲，戴上面具去「演戲」；不能像《紅樓夢》的王熙鳳那樣，「嘴甜心苦，兩面三刀，上頭笑著，腳下陷害。明是一盆火，暗是一把刀，都占全了。」也不能像薛寶釵那樣「罕言寡語，人謂裝愚，安分隨時，自雲守拙」，對人四面討好，八面玲瓏，城府很深，慣有心機。做人要坦誠，更要有一些俠骨柔腸，光明磊落，襟懷坦白，使人如沐春風，這樣才能有個好人緣。

靠近「好人緣」

有時候你可能有過這樣的感覺，就是某某人在公司內很受歡迎，主管也喜歡他，同事也喜歡他，很有人緣。而有些人則是很少有人喜歡他，而且他也不喜歡別人，他的朋友也不多，即人緣很差，像個社會邊緣人一樣。其實這就是我們所常說的「人緣好」和「人緣差」。「人緣好」、「人緣差」是用以表明一個社會成員被其他成員接受的程度，我們把它們用來作為人際關係學的術語，也很能說明問題。

一般而言，大家都非常喜歡「人緣好」。而受到大家普遍喜愛的原因則是千差萬別的：或者是因為他誠實可信，值得信賴；或者是因為他沉穩老練，做事踏實；或者是因為他知識豐富；或者因為他機警靈活，善處人際關係；甚至是因為他有權有勢有錢等等。總之，他有某一方面或者許多方面被大多數人認可或接受。

在你選擇朋友，建立自己的人際關係網絡時，最好能選擇「人緣好」，而且能使「人緣好」與你之間的關係越密切越好。

能夠把「人緣好」吸收進你的人際關係網絡，使之成為你要好的朋友，無形中就大大增強了你的人際關係網絡的能量。要是你的人際關係網絡全部都由「人緣好」組成，那麼你的這個人際關係網絡的能量將是無比巨大的。此外，結交「人緣好」還會使你受到啟發，學到許多如何結交朋友，贏得眾人青睞的方法。

拓展關係網的要訣

如果你希望能在公司裡逐步晉升，和適當的人發展鞏固的關係是非常重要的。建立關係對你的成功是很關鍵的，並不完全是因為其他人能為你做什麼，而是因為當你和適當的人在一起的時候，你能學會很多東西。好的關係能夠拓展你的生活視野，讓你能夠和社會正在發生的一切保持同步，也能夠提升你聽說和交流的能力。所有這些都是你通往晉升之路的活力泉源。

善於拓展「關係」的人，不管是在宴會、洽談公事或私人聚會上，總是會把握時機。對這些「溝通大師」而言，人生就是一場歷險記——會議室、酒吧、街角、餐廳，甚至在澡堂裡，處處都可以「增廣見聞」。只要你多走動必有收穫。

最會拉關係的人，不但舌粲蓮花、左右逢源，而且任何蛛絲馬跡都逃不過他的法眼。他們就是天生的偵探或是記者，不然也應頒給他們「社會學」榮譽博士。

總而言之，人總是在心裡更多地想「關係」有無用處，看看是否能從對方的需求上做些文章，讓對方欠自己的人情，以使關係套牢。此乃人之常情，無可厚非。

要增進自己的「關係」，以下都是不得不注意的要點：

制定目標，努力不懈

建立「關係」最基本的原則就是：不要與人失去聯絡，不要等到有麻煩時才想到別人。「關係」就像一把刀，常常磨才不會生鏽。若是半年以上不連繫，你可能已經失去這位朋友了。

訂定可以變通的目標，試著每天打 5 ～ 10 個電話，不但要擴張自己的交際網絡，還要維繫舊情誼。如果一天打 10 個電話，一個星期就有 50 個，一個月下來，更可到達 200 個。平均一下，你的人際網絡中每個月大概都可能增加十幾個「有力人士」。

不要放棄每一個目標

大忙人雖不好找，並不表示絕對無法接近。不必浪費時間在上班時間打電話給他們，這些人不是在開會就是在打電話，或是出外做事了。

要利用空檔，「拉關係」的高手認為傍晚六七點鐘是與這些忙人接觸的「黃金時刻」。祕書、助理等大概都走了，只剩下一些有工作狂的人還捨不得走，希望自己的「埋頭苦幹」能給老闆留下深刻的印象。此時是聯絡這些「貴人」最適當的時機。

總之，樂觀一點，不要以為位高權重者都是高不可攀的人物。只要抓住竅門和時機，就能聯絡到每一個人。大凡有能力、有地位的人幾乎都有層層的關卡保護，若能突破這些障礙，剩下的就不難了。

每個企業都有警衛，設法找到他們，跟他們建立某種「關係」，他們就能告訴你通往老闆辦公室的祕密通道。惹火了他們，只會讓自己吃不了兜著走。化敵為友，日後才能一帆風順。

情報無所不在

街上、飯店大廳、機場、公共汽車站、酒吧、舞會、親友聚會，處處都有不少最新情報。跟人談上一兩個小時，一定可以學到一點東西。出差、旅行也是拓展「關係」的好機會。

記錄「關係」的進展

像寫日記一樣，數十年如一日，這可能不容易做到；然而如果有恆心、有耐力，一定會成績斐然。如果你很認真地在增進自己的「關係」，認識的人一定不少。要追蹤成果、找出真正的「人才」，不妨記錄每一次連繫的情形。在記憶猶新的時候就要趕緊寫下，如果等到日後再來補記，效果就大打折扣了。

可記錄的要點包括：姓名、地址、電話號碼、你的看法以及日後聯絡方法，用不著事無鉅細地像在寫一篇動人散文。

要有收穫，一定要下不少功夫。但是，想到可以跟這麼多傑出的人士見面，也是值得的。一旦習以為常，也就不以拓展「關係」為苦了，反而覺得興奮、刺激。

不可急於求成

拓展「關係」，要是盲目地向前衝，只會使人離你越來越遠。你的積極進取在別人眼裡可能是「不擇手段」、『沒頭沒腦」的，最糟的情形，可能是使我們想親近的人紛紛躲避。

要建立真正的關係，不要像「攻城掠地」或是「全壘打」一般，可持續發展的「關係」應該是長久而穩固的。正如一位企業界人士的說法：「我從不相信在三分鐘內就跟我稱兄道弟的朋友。如果要僱用一個人來做重要的事，我一定要找信得過的人。」

急於拉攏關係的人會因為一點收穫而自滿，要他們付出，得先談條件，而且不願與人分享感情。一心只有競爭的人很難了解「互助」的真義，他們不知道自己這樣做是在參加一場沒有希望的比賽。

好的關係通常要一段長時間的努力才能建立，要成為這方面的高手，至少要有一顆寬闊的胸懷及敏感的心。

建立最佳關係網的法則

一場戰爭，不可能大小戰役都保持不敗的記錄，可是只要確切地掌握敵我雙方的資料，並且提出各項適宜的計畫和對策，才有可能取得最終的勝利。

《孫子兵法》說：「夫未戰而廟算勝者，得算多也；為戰而廟算不勝者，得算少也；多算勝，少算不勝，而況無算乎？吾以此觀之，勝負見矣。」

在人際社交中，同樣也存在著「多算勝，少算不勝」的問題。人與人之間千差萬別，各不相同，從容貌、外表上看是如此，從性格、志趣、生活態度和行為方式上看也是如此，這正如人們所說的「一種米養百樣人」，如果不根據個人的具體情況，多加籌算、計劃，選擇和構築自己發展方向和目標的「關係網」，就很難獲得成功。

「關係網」是現實生活中人們因某種原因自發連繫起來的一種人際組合。這個群體組合成什麼樣子，不僅由它的所有成員決定，並且還由這些成員之間的關係是建立在什麼樣的基礎上決定的。各種「關係網」的構成特點也不盡相同，不僅圈內成員多少不一樣，關係親疏不一樣；人們來往的內容和活動也各有側重，由知識、能力和思考水準形成的層次也高低有別，在這種情況下，對自己和周圍環境進行謀劃，選擇並創造適合個人發展的「關係網」，是十分重要的。

參考一下現實生活中人際社交形成的「關係網」，主要有以下四種類型的人際組合。

- **情感性組合**：這類組合大都是建立在友情需要的基礎上的，成員之間彼此相悅，一起旅遊，生活上互相照應，精神上互相扶持。相互間感情的依戀使他們平日如膠似漆，一旦分手便會覺得空虛無聊。這種以情感為基礎建立起來的友誼關係，在年齡相對較輕的年輕人中最為常見。
- **實用型組合**：在社會生活中，人與人之間的來往是透過資訊的交流與溝通的形式來完成的。資訊的交流和溝通可以增進人與人的來往，也可以給人們帶來另一種具有功利作用的實用性人際關係。比如：你在書店工作，我熱愛讀書，由於你的資訊可以使我購買到書籍，從而使我們的關係更加融洽。類似的事例還可以出現在生活的其他許多方面。這種「實用型」的組合，對人的吸引力特別大，存在也極普遍。
- **相似型組合**：相似型組合有三種：一種是因為年齡、學歷、地位、行業、嗜好等條件一定程度的一致性；第二種是因為性格、品性的相

似；第三種是因為追求的理想、奮鬥的目標相似。心理學研究證明，在人的初次來往中，態度的相同和相似最易引起來往雙方的互相吸引。

- **互補型組合**：主要是性格上有差異的人互相彌補而形成的組合。我們在日常生活中可以看到：一個性格剛強、行事果斷的人往往和一個性格軟弱的人相處得很好；一個處事謹慎的人偏偏有一個心直口快、遇事急躁的密友；一個熱情開朗、交際廣泛的人恰恰有個沉默寡言、不好交際的摯友。這些現象也說明，在人際社交中，相異未必不相交。

以上所概括的四種人際組合的類型，可以說是色彩繽紛的人際關係中最基本的「色素」。一個人對他的人際組合的選擇，別人很難做出好與不好，該與不該的論證和結論，但是，每個人都有著自己的具體情況，具體的經驗、學歷、水準、能力，具體的思維方式、長處和短處，以至具體的適合自己發展的方向和目標，因此，根據個人的實際情況進行謀劃、籌算，選擇和構築人際組合的「關係網」，才能不致因為「少算」而導致失敗。

人際關係網絡一經固定，或者成為相對的固定結構，就會成為適應這個個體客觀需求的人際關係網。那麼，在試圖建立自己的最佳關係網的時候，該遵循哪些法則呢？

擰成一股繩

為了攻占某個特定目標，人際體系必須形成一個整體，握成一個拳頭。這就是說，一個合理的人際結構，應該透過巧妙的連繫把各類人物有機地統一起來，從而使自己能夠在整體上發揮出最佳的功能。這個整體原則，就是我們確定合理人際結構的最基本原則。

整體原則要求我們正確地選擇人際結構的基礎。孔子主張「仁者愛人」，「己所不欲，勿施於人」。墨子主張「兼愛」，認為「愛人者，人亦從而愛之；利人者，人亦從而利之」。

可見，「以心換心」乃是各種類型交際的基礎。換句話說，交際的天才在於理解別人，設身處地為別人著想，體諒別人的心情，主動分享別人的幸福和不幸，關心別人的命運，幫助別人，重視別人像重視自己一樣。

這是人類認知中最敏感的範疇之一，它所認知的不是思想，而是別人的感情和心情。「把別人的感情當成自己的」弗里德里希·席勒（Friedrich Schiller）——這一發現是對待別人的正確的、唯一可信的立場，更是建造人際結構的最可靠的基礎。

俗話說：「打仗親兄弟，上陣父子兵。」當人際感情到了一定的深度，就會無往不利，所向披靡。

行星圍著太陽轉

在 20 世紀初，科學家們打開了原子的大門。他們發現，原子中繞核運轉的電子，只能處在一系列不連續的、分立的穩定狀態。這些狀態分別只有一定能量，其數值各不相等。把這些狀態的能量按大小排列，就像梯級一極，科學家們稱之為「能級」。

這一新穎的「能級」概念，給現代人際關係研究者以深刻的啟示：穩定的結構是一個具有不同層次、不同能級的複雜系統。在這樣的系統中，每一個電子根據本身能量的大小而處於不同的地位，這樣才能保證結構的穩定性和有效性。

一般來說，按照能級原則，應該使我們的人際結構自然地形成核心、周邊、邊緣這樣三個部分，就是說，既要將那些對於實現目標有決定意義

的人物放在中心的、主導的地位，又要讓一切有關的人物在整個人際結構中占有恰當的、相對的位置。

這樣，整個人際體系就會像自然界的太陽系一樣，太陽系的八大行星圍著太陽旋轉，一層比一層比重更輕，一層比一層範圍更廣，形成一個比例協調的統一體。

為達此目的，我們在建造人際關係結構過程中，就切不可平均使用力量，全面出擊，也不可畸輕畸重，以偏概全，愛之則如膠似漆，惡之則不屑一顧。

人往高處走

一個合理的人際結構，必須從低到高，由幾個不同層次組成。層次原則，反映了人際結構內部縱向連繫上的客觀要求。

一般來說，合理的人際結構可以分為三個不同層次：基礎層次、中間層次和最高層次。

基礎層次是指家庭關係，包括夫妻關係、父母子女關係、兄弟姐妹關係、婆媳關係、姑嫂妯娌關係及其他長幼關係。

中間層次指親友關係，包括戀愛關係、鄰里關係、朋友關係、親戚關係等。

最高層次指工作關係，包括同事關係，上下級關係等。

只有讓這三個層次組成一個寶塔形結構，一層比一層範圍更窄，一層比一層要求更高，才有利於人際結構的合理化。

在這三個層次之中，任何一個層次都不應該受到忽視。忽視了較低層次，較高層次便成為空中樓閣，無法牢固地樹立；忽視了較高層次，較低層次便成了無枝、無葉、無果的根基，發揮不了應有的功能。

因此，在完善人際結構過程中，沉醉於家庭小圈子而不思進取，或者想在事業上急於建樹而置家庭於不顧，都是不可取的。

鐵打的營盤流水的兵

世界上的一切事物，都處於不斷的運動、變化和發展之中。我們的人際體系，如果不隨著客觀事物的發展而發展，就會逐步處於落後的、陳舊的甚至僵死的狀態。因此，一個合理的人際結構，必須是能夠進行自我調節的動態結構。動態原則反映了人際結構在發展變化過程中前後連繫上的客觀要求。

在實際生活中，需要調節人際結構的情況一般有三種：

- **奮鬥目標的變化**：也許你的奮鬥目標已經實現，也許你的奮鬥目標變了，比如棄政從商了，這就需要你及時調節人際結構，以便為新的目標有效地服務。
- **由於生活環境的變化**：在當今這樣的資訊社會，人口流動性空前加快，本來在 A 地工作的你，忽然到 B 地去工作。這種環境變動，勢必引起人際結構的變化。
- **某些人際關係的斷裂**：天有不測風雲，朝夕相處的親人去世了，在悲哀的同時，不能不看到人際結構的變化。

可見，調節人際結構有被動調節和主動調節兩種，不管是何種調節，都要求我們能迅速適應新的人際結構。

為此，我們在建立人際關係網時，就應該努力為自己建造一種善於進行新陳代謝的開放式人際關係網。

增加人情帳戶的儲蓄額

人人都難逃一個「情」字，這是人之常情。人既然能夠為情而死，那麼為情而晉升又有何不可？

所以，在平時人際社交中也需要進行「感情投資」。

很多人都有這種毛病，一旦關係好了，就不再覺得自己有責任去保護它了，往往會忽略雙方關係中的一些細節問題。例如該通報的資訊不通報，該解釋的情況不解釋，總認為「反正我們關係好，解釋不解釋無所謂」，結果日積月累，形成難以化解的問題。

而更不好的是人們關係親密之後，總是對另一方要求越來越高，總以為別人對自己好是應該的。但是稍有照顧不周，就有怨言。由此很容易形成惡性循環，最後損害雙方的關係。

人與人之間沒有彼此信任則沒有互動互利；沒有較深的感情則沒有彼此的信任。在人際社交與關係中重視情感因素，不斷增加感情的儲蓄，就能聚積信任度，保持和加強親密互惠的關係。

你在感情的帳戶上儲蓄，就會贏得對方的信任，那麼當你遇到困難、需要幫助的時候，這種信任就可以幫助你，你即使犯有什麼過錯，也容易得到別人的諒解；你即便沒把話說清楚，有點小脾氣，對方也能理解。

所以，我們強調請求別人的支持和幫助，應該自信主動、坦誠大方地提出，儘管有許多有效的方法和技巧可以採用，然而最重要的是自己要樂於助人，關心他人，不斷增加感情帳戶上的儲蓄。

如果說建立相互信任、相互幫助的人際關係有什麼訣竅的話，那麼這是唯一的和可靠的訣竅。

反之，不肯增加儲蓄而只想取款的人是無人理會的，這樣的銀行帳戶是根本不存在的。你毫無儲蓄，到需要用錢時，也就必然無錢可用，只有欠債了。但欠債總是要還的，到頭來還是要儲蓄。這就是社會與人生的大海上平等互利、收支平衡的燈塔。

互助互利不僅指物質利益，而且還有精神利益。身為被求助的一方不一定非要你給他什麼幫助和好處不可，而且人際社交的互利互惠也不同於做買賣那樣必須是等價交換，立刻兌現。但身為求助者最好能讓對方了解助人也會助己。

你請某人來幫助粉刷裝修住房，說好做半天，他可能做了不到一個小時就走掉了；你拜託某人為你辦理開辦公司的手續，他也許只起了牽線搭橋的作用，具體的手續還要你自己去四處奔波……遇到這類情況，千萬不可埋怨，不可責怪對方說話不算數。因為事實上人家已經幫了忙，這應值得你表示肯定和感謝。你感謝對方幫忙一小時，下回他可能會幫忙兩小時，你感謝人家為你辦手續探明了路線，下回他也許會幫忙到底。

自己樂於助人，多主動幫助別人，會不斷增加感情帳戶上的儲蓄。如上所述，求人與被人求，是一筆人情帳。儘管是人情帳，無法精確地計算，但是也應該心中有數。

如果對方也是一個能為別人考慮的人，你為他幫忙的種種好處，絕不會像射出去的子彈似的一去不回，他一定會用別種方式來回報你。對於這種知恩圖報的人，應該經常給他些幫助。

送禮有理

我們生活在一個講「禮」的環境裡，如果你不講「禮」，簡直就寸步難行，被人所唾棄。求人要送禮，禮多人不怪、禮輕情意重、有「禮」走遍天下……這些流傳的俗語，在今天仍十分受用。

有人經過調查研究指出，日本產品之所以能成功地打入美國市場，其中最祕密的武器就是日本人的小禮物。換句話說，日本人是用小禮物打開美國市場的，小禮物在商務交際中達到了不可估量的作用。

當然，這句話也許有點言過其實。但是日本人做生意，確實是想得最周到的。特別是在商務交際中，小禮品是必備的，而且根據不同的喜好，設計得非常精巧，可謂人見人愛，很容易讓人愛禮及人。

小禮物達到了非同小可的作用，而精明的日本人此舉之所以成功，在於他們聰明精明，摸透了外國商人的心理，又運用了自己的策略。一是他們了解外國人的喜好而投其所好，以博得別人的好感；二是他們採取令人可以接受的禮品，因為他們深知歐美商業法規嚴格。送大禮物反而容易惹火上身，而小禮物絕沒有行賄之嫌；三是他們又很執著於本國的文化和禮節。

送禮其實已成了一種藝術和技巧，從時間、地點一直到選擇禮品，都是一件很費人心思的事情。很多大公司的電腦裡或手機 APP 裡都有專門的儲存，對一些主要公司、主要關係人物的身分、地位以及愛好、生日都有記錄，逢年過節，或者什麼合適的日子，總有例行或專門的送禮行為，以鞏固和發展自己的關係網，確立和提升自己的商業地位。

英國女王伊莉莎白訪問日本時，有一項訪問 NHK 廣播電臺的安排。當時 NHK 派出的接待人，是該公司的常務董事野村中夫。野村接到這個重大任務後，便搜集有關女王的一切資料加以仔細研究，以便在初次見面時能引起女王的注意而給女王留下深刻的印象。

他絞盡腦汁，也沒有想到好主意。偶然間，他發現女王的愛犬是一種長毛狗，於是靈感隨之而來。他跑到服裝店特製了一條繡有女王愛犬圖樣的領帶。在迎接女王那天，他打上了這條領帶。果然，女王一眼便注意到了這條領帶，微笑著走過來和他握手。

野村送出的禮物是無形的，因為實物還繫在他脖子上，「禮輕」的非同尋常，但卻使女王體會到了他的用心，感受到了他的情意，因此可謂是地道的「禮輕情意重」了。

送禮是一門藝術，自有其約定俗成的規矩。送給誰、送什麼、怎麼送都很有奧妙，絕不能瞎送、亂送、濫送。根據一些成功的經驗和失敗的教訓，起碼我們應該注意下述原則。

- **禮物輕重得當**：一般講，禮物太輕，又意義不大，很容易讓人誤解為瞧不起他，尤其是對關係不算親密的人，更是如此。但是，禮物太貴重，又會使接受禮物的人有受賄之嫌，特別是對上級、同事，更應注意。除了某些愛占便宜的人外，一般人都可能婉言謝絕，或即使收下，也會付錢，要不就日後必定設法還禮，這樣豈不是強迫人家消費嗎？如果受禮的人家中不甚寬裕，無異於給人出難題。如果對方拒收，你錢已花出，留著無用，便徒生許多煩惱，就像老百姓說的「花錢找病」，何苦呢？因此，禮物的輕重選擇以對方能夠愉快接受為尺度，爭取做到少花錢多做事，多花錢辦好事。
- **送禮間隔適宜**：送禮的時間間隔也很有講究，過多過繁或間隔過長都不合適。送禮者可能手頭寬裕，或求助心切，便經常大包小包地送上門去，有人以為這樣大方，可以博得別人的好感。細想起來，其實不然。如果受禮者是愛占小便宜的人，他當面會說你好話，背後說不定會嫉妒你的揮霍無度，說你壞話。正派的人雖不會說什麼，但卻可能會懷疑你這樣大方是為了達到什麼目的而不再與你深交。另外，禮尚往來，人家必然還情於你，豈不也增加了人家的經濟負擔。一般來說，以選擇重要節日、喜慶壽誕送禮為宜，送禮的既不顯得突兀虛套，受禮的收著也心安理得，兩全其美。

- **了解風俗禁忌**：送禮前應了解受禮人的身分、愛好、民族習慣，免得送禮送出麻煩來。由於送禮人不了解情況，結果可能弄得不歡而散。鑑於此，送禮時一定要考慮周全，以免節外生枝。
- **禮品要有意義**：禮物是感情的載體。任何禮物都表示送禮人的特有心意，或酬謝、或祝賀、或孝敬、或憐愛、或愛情等等。所以，你選擇的禮品必須與你的心意相符，並使受禮者覺得你的禮物非同尋常，備感珍貴。實際上，最好的禮品是那些根據對方興趣愛好選擇的、富有意義或耐人尋味的小禮品。比如：我們為住院的朋友送去一束鮮花，定能使其心情愉快，增強戰勝疾病的信心；為遠方的同窗寄一冊母校的照片，定能喚起他對學生時代的美好回憶；給愛好文學的朋友送上一套名著，必然使其欣喜若狂，愛不釋手；為心上人送去一條漂亮的圍巾，她會含情脈脈地依偎在你的懷中……

就禮物的品質而言，它的價值不是以金錢的多少來衡量的，而是以禮物本身的意義來展現其價值的。因此，選擇禮物時要考慮到它的藝術性、趣味性、紀念性等多方因素，力求別出心裁，不落俗套。

令送禮者最頭疼的事，莫過於對方不願接受或嚴詞拒絕，或婉言推卻，或事後送回，都令送禮者十分尷尬。那麼，怎樣才能防患於未然，一送中的呢？關鍵在於藉口找的好不好，送禮的說法圓不圓融，你的聰明才智應該多用在這個方面。送禮通常有以下辦法：

- **借花獻佛**：如果你送土產，你可以說是老家來人捎來的，分一些給對方嘗嘗鮮，東西不多，又沒花錢，不是特意買的，請他收下，一般來說受禮者那種因盛情無法回報的拒禮心態可望緩和，會收下你的禮物。

- **暗度陳倉**：如果你送的是酒一類的東西，不妨假藉說是別人送你兩瓶酒，來和對方對飲共酌，請他準備點菜。這樣喝一瓶送一瓶，禮送了，關係也近了，還不露痕跡，豈不妙。
- **借馬引路**：有時你想送禮給人，而對方卻又與你沒關係，你不妨選受禮者的生誕婚日，邀上幾位熟人一起去送禮祝賀，那樣一般受禮者便不好拒絕了，當事後知道這個主意是你出的時，必然改變對你的看法，借助大家的力量達到送禮聯誼的目的，實為上策。
- **移花接木**：老張有事要託王局長去辦，想送點禮物疏通一下，又怕王局長拒絕。老張的夫人與王局長的夫人很熟，老張便用起了夫人外交，讓夫人帶著禮物去拜訪。
- **借路搭橋**：有時送禮不一定自己掏錢去買，然後大包小包地送過去，在某種情況下人情也是一種禮物。比如：你能透過一些關係買到代購、批發價、的東西，當你為朋友同事買了這些東西後，他們在拿到東西的同時，已將你的那份「人情」當作禮物收下了。你未花分文，只不過搭上人情和功夫，而獲得的效果與送禮並無二致。受禮者因交了錢，收東西時心安理得，毫無顧慮；送情者無本萬利，自得其樂。

關係網的建立、維修與保養

關係網的建立、維修與保養，不僅是你能夠獲得晉升的關鍵，對你個人而言，它也能直接提供許多支援。按照韋氏詞典上的解釋，一個網路就是這樣的結構，由繩子和線組成，它們有規則地隔一段距離就交叉一次，並且在那裡打個結。雖然有人參與的網路並不是一種精確的學問，但是它們也包含了人與人、團隊與團隊之間的連繫。你需要從你的關係網中得到

的東西無疑是會隨著你的個人目標的不同而不斷變化的。你可能會利用它來結識朋友，以得到關於你怎樣才能實現晉升的建議，你也可能會透過它來鞏固你想獲得晉升必須採取的幾個關鍵步驟。

大部分人都會在某個層次上利用職業交際網來協助晉升。你在中學時，得到的第一份暑期工作可能是你或者你的父母認識那家公司裡的人。當你長大一點後，你就會發展更為複雜的關係網來提升你的職業目標。在現今企業變得更加扁平化、從而能夠提供的升遷機會更少的時候，傳統的方法甚至會變得更為重要。在企業內，知道如何建立自己的關係網來使自己的職業得到發展，是一項基本的生存技巧。

你認識的人是什麼樣的，這也是非常重要的。你目前所擁有的能連繫的人對於你的關係網來說，只是很少的一部分資源。但是，這些人同時也有他們的交際圈，而他們的交際圈裡的每個人又會有他們的交際範圍。這樣不斷發展，你所能掌握的就是一個潛在的龐大的交際網路。應將你的關係網中的這些最基本的資料加以組織，編制目錄，在電腦或雲端裡保存下來，或者用其他符合你風格的方法來建立你的資料庫。即使你滿足於現在的工作，不想有進一步的發展，從現在起你也要開始發展你的資料庫。做這件事的最佳時機恰恰是你不需要它的時候。以下是幾個能幫你著手建立資料庫的建議：

- 你越是經常注意加強你的關係網，它們就會變得越強大，而且建立新的關係也就越容易。
- 以建立關係為目的的交談結束的時候，要記著問對方：「我能為你做點什麼？」或者是：「我能幫你什麼嗎？」對於建立關係網，重要的一點是要保證關係的形成一直建立在滿足雙方需求的基礎上。
- 當你透過一個談話，是要為對方提供幫助，或是感謝他為您幫的忙，或者是告訴對方他所需要的資訊的時候，要一直保持很積極的態度。要避免作一些很消極的評論，包括說一些閒話。

- 成功的關係網都是雙向的。如果你只是做一個接受者，那麼你遲早會被你認為所屬於的關係網拋棄。
- 要重視關係網的建立，就如和你的職業生涯必須依賴它而存在，因為事實上也是如此的。
- 為什麼在你開始為選擇關係網中的成員而尋找對象的時候，要把標準訂的那麼低呢？你是怎樣開始建立你的交際圈的，這個可以部分決定你什麼時候能夠獲得提升。
- 只要可能的話，去參加各種協會聚會和貿易展覽會，為你的關係網尋找候選人。錄用那些能夠提供給你機會、讓你能在企業內建立你的關係網的工作夥伴。
- 記住你遇到的每個人的名字，把他們的名字寫在你隨身攜帶的交友卡上。除了他們的名字，還要包括他們的職務頭銜和電話號碼。隨著時間推移，以後還要添加許多個人資訊，例如生日、家庭成員的名字、教育程度、他的親戚情況和他的興趣愛好。
- 當你邀請某人加入你的關係網時，不要害怕被拒絕。因為至少你知道了他對於你的看法，或者是你當時的處境。

你擁有的關係網並不是你需要徹底了解的唯一的一個交際網路，你也要去了解主管的關係網。每個人都有他自己的一片活動天地。如果你的主管願意聽某人的話，而這個人也成了你的關係網中的一員，那麼你就找對了方向。

建立關係網的盲點

當你要和別人建交的時候，如果你只是希望透過你的魅力和你的外表來實現這一點的話，你錯了。被人喜歡是件好事，但被人所需要就更好了。以下是在建立關係網的時候你永遠都不要踏入的 9 個盲點：

- 不要只與和你自己相似的人來往：要注意多樣化，這樣你才能從和你不同意見的人那裡，得到不同的思考方式和想法，從而使自己獲益。
- 不要認為你的頭銜和權威能讓你有權在關係網中施威：你是廠長也好，經理也好，你都不要擺架子。在你的交際圈中的每個人都應該是在平等的地位上。
- 不要把一個人的可見度（外表）和可信度混為一談：孔雀是美麗的鳥，它們知道，把羽毛張開就能引起人的注意。但這並不適用於人類。
- 不要替別人回答問題：在多人交談中，如果一個人是問在場的另一個人問題，你一定要抑制住替他作答的衝動。如果你真的這麼做了，那你就是貶低了被提問的那個人的權威，而把你自己放到了一個不利的位置上，被人看作「假裝無所不知的人」。
- 不要透支感情帳戶：雖然我在前面已經提到這一點，我在這裡還想再重複一遍：在你所得到的關係網中，要注意經常往裡放回點東西。
- 不要當個吝嗇：當一個朋友幫了你一個大忙，要回報他們一頓飯，或是也幫他們一個忙，以表示你的感謝。你將會發現，你的小回報會得到比你預想的要多得多的獎賞。

  一個人所擁有的財富，與他人對其的評價成正比。建立好你的人際關係網，取得了良好的人緣，那麼你晉升的日子就不遠了。

- 不要低估見面交流的重要性：英語中最有用的詞，其中的兩個是「謝謝」（thank you）和「請」（please）。
- 不要作假：當一個人問你問題而你不知道答案時，就告訴他們你不知道。如果你知道有人知道答案，那麼你可以推薦這個人的名字或替他們打電話。
- 不要認為晚輩是不值得納入你的關係網之中的。

晉升加油站：怎樣制訂晉升計畫

一個人建功立業居廟堂之高，看似偶然，實則不然。如果我們細細追究起來，都是有跡可循的。

時代的步伐一日千里，資訊與知識交替更新。昨天你還是舞臺上的紅人，今天就成了觀眾；今天你是一個時代的領頭羊，說不定明天就淪為歷史的落後者。現實擺在上班族面前的嚴峻課題就是如何使自己常礪常新，同步於這奔湧向前的時代潮汐。

僅有善解人意的人情世故不行，僅有眼鏡後面的發達大腦不行，僅有咬碎鋼牙的決心也不行，要全方位的在心中擬好你的晉升計畫。

要想晉升，你就要腳踏實地的從計畫中開始。

製造晉升計畫的必要性

如果有人問你「今年一年裡及未來五年中有什麼明確的目標」時，你會怎麼回答？假設你的回答是：我沒有想過，我不清楚。那麼你未來的發展，就陷入了泥沼中了。

人們對於未來，向來是抱著順其自然的態度，很少有人會認真地思索，總認為「命裡有時終須有，命裡無時莫強求。」其實這種看似樂觀的想法，是一種不負責任的懦弱想法。

你有沒有發現，你計劃星期天去哪裡玩的時間，比計劃自己的未來還要有興趣，並且時間花得多呢？甚至只是看一場電影，你也要計劃好去哪一個電影院，看國產片還是外國片，看言情劇還是武俠劇？還是乾脆在家裡線上追劇？

我們有很多看電影的機會，但生命卻只有一次。將大量的時間與精力花在計劃那些雞毛蒜皮的小事上而忽略計劃有限生命中的事業，不是很荒謬嗎？

也許你會說：有的，我有計畫，我計劃在我 50 歲時能當上市長！是的，你計劃當市長，儘管你現在還只是一個小小的科員，但我還是要讚賞你的勇氣。但是，僅僅有一個這樣的計畫就足夠了嗎？不，你的計畫應該是一個完整的計畫，包括你何時當科長、何時當處長、局長……一直到市長。而這當中的一步一步，你又如何去實現、去達成，都應是你計畫中的一部分。

晉升就像你想要的房子，你要先把房子的藍圖畫出來。你想要一座幾層樓的房子？你的房子是公寓還是別墅？什麼時候蓋好第一層？第一層的材料從哪裡取得？第二層、第三層……呢？

做了許多探究後，你現在對未來的遠景有了一定的了解，你需要發展具體目標，以便從你現在的位置走向你想去的地方。

晉升計畫如何制訂

美國總統林肯說過：我絕不擔心我的目標訂得太高，因為，把我的箭瞄準月亮而只射中一隻老鷹，這比把我的箭瞄準老鷹而只射到一塊石頭不是更好嗎？我目標的高度，不會使我敬畏，雖然在我達到目標之前可能要經過一些障礙。如果我絆倒了，我就爬起來，那麼，我的絆倒便與我無關了。只有蟲子才不必擔心絆倒。我不做把目標瞄得太低的蠢事，我要時常把我的手伸到我所抓得到的地方。我達到目標後，立即將目標升高。我要時常使下一次的成果比這一次更好，我要時常向世人宣告我的目標。但是，我絕不誇耀我的才能。我要謙恭地接受世人對我的讚譽。

林肯是這樣說，也是這樣做的，結果，他成功了。身為渴望晉升的薪資人士，需要學習林肯對於制訂人生目標的優點。

晉升計畫的制訂，要遵循下列原則：

- 設定期限。分別訂下長期、中期、短期之類的目標，期限可完全按照自己的意思制訂，但必須注意不可過長或過短。
  - **長期目標（10年、20年或30年）**：長期目標要高遠，要能夠稱得上值得為之奮鬥的目標。
  - **中期目標（3年或5年）**：中期目標要具體，如：由處長升至局長。
  - **短期目標（半年或1年）**：短期目標要實際，如：完成業績××萬元，得到主管的獎勵。
- 用書面寫出來。
- 經常審查你的目標。
- 把不必要的目標刪除。
- 變更與修正：有時由於日後客觀環境的變化，目標可隨時變更或修正，但不應輕言放棄。
- 利用想像：擬定目標後，設法利用想像，想像自己成功後的美好景象，讓它刺激你，吸引你。

制定一個長遠的計畫

每個公司都有一個五年計畫，這將是公司一個明確的方向，並且使公司保證在向著目標的道路上前進。你也需要一個五年計畫來給自己一個方向。關心從現在開始的五年之內你將要去做些什麼。你將能賺什麼錢？你將會擁有什麼樣的職位？你將會從事什麼樣的商業活動？你將會一直去做什麼？你將會取得什麼樣的頭銜？而你的主管是誰？這只是你所需要自問自答的一部分問題。得出你自己的這些答案，它們將會現實地指明五年之後你所處的境況。

一旦你記下了你的五年計畫，檢查一下，看看是否你的短期計畫將會幫助你達到目標。如果不是，也許你正向著錯誤的方向前進，所以你可能需要相對地改變你的短期計畫。下面是一組指南，可以幫助你制定良好的長遠計畫。

- **大膽地想像**：大膽想像，但是不要讓你長遠計畫的結果變成不可能。伸展你的雄心壯志，但是必須是可以達到的。
- **制定自己的夢想**：有夢想才能建立你的雄心壯志。如果你真正想得到的位置不存在，那又如何？只要它切實可行，把你的夢想兜售給CEO，你就成功了。
- **描繪藍圖**：確信在你的短期的和長期的升遷計畫中，所有的事情都很協調。在你的短期計畫中，完成每一件事都能對你的長期計畫的實現有所幫助，如果不是這樣，去掉那些不必要的舉動和事務，你就不會再浪費時間。
- **增大你的影響力範圍**：開始增大你的策略性連繫範圍。每個增加到你的影響力圈子中的連絡人必須能直接或者間接地對你的升遷目的有所幫助。如果他們達不到這個標準，那麼他們不屬於你的影響力圈子。

- **向升遷計畫中的每個組成部分和事件發起挑戰**：最少一個月一次。不斷地問自己這個問題：「我的計畫中的一切都能幫助我達到目標嗎？」如果你的回答是否定的，那麼修改你的計畫。如果你從來都不改進你的計畫，你肯定有錯誤發生了。要不就是你的計畫太簡單，要不就是它沒有充分的挑戰性。

所有的競爭計畫中的最基礎部分都是為增強競爭者的優勢，同時也縮小他的弱點的。你是在升遷競爭中單獨前行的人，像所有的競爭者一樣，你有自己的強項和弱項，為了得到提升，你必須加強自己的強項和縮小自己的弱項。

在你開始你的競爭計畫的時候，你應該心中有數：努力奮鬥的目標實現後又能做些什麼？假設你已經被提升了，你正在召開你升遷以後的第一個全體職員會議，你要表現得非常積極果斷才行。你的下級正在看著你呢？在你的工作和生活中，你希望他們看到你的哪些與他們不一樣的品格和特點呢？為什麼他們願意為你工作？你如何保持他們不斷的進取心呢？你是透過達到和超越你自己所有的目標來為你們的公司做貢獻嗎？

你剛剛完成的想像性的經驗已經使你接觸到了一些深層次的、重要的價值，當在向上層攀登的時候，你將會不可避免地把它們帶到桌面上來。如果你已經擁有正確的攀登工具的話，現在是做評估的時候了。為了幫助你成為這場升遷戰役中的出色角色，你需要實事求是地評估出自己的強項與弱項。你應該也有一個和你的狀況有關的非常列表。

你目前的計畫是尋找一個新的方式，可以強化你的那些目前沒有挖掘出來的強項。比如：你在溝通能力上取得了高分，但是卻不能在目前的工作中最充分地利用這種能力，你要趕快找到一種把這個強項轉換成你的優勢的方法。到底怎麼做呢？讓我們假設你是一個優秀的溝通者，明白如何和其他人協商制定條款。猜想你發現了你們採購部被太多懸而未決的協議困住了，而沒有更多的時間去解決。你認為負責採購的副總裁將會在你的關係網中是你有價值的盟友，因為他可以幫助你得到提升。於是，你就會去約見他，並且幫助他來協商他們部門沒有時間解決的協議。在這個過程中，你潛在地達到了一石二鳥的效果：你展示了一項你從來沒有表現過的溝通技巧（商業談判），並且讓你進入了採購副總裁的具有良好聲譽的關係網路。

執行你的計畫

人生偉大功業的建立，不在能知，而在能行。當你知道要如何才能攀越巔峰時，你應掌握時間行動。

「Implementing（執行）」是英語中應用最廣泛的詞彙之一，對於絕大部分人來說，也是最難做到的事情。制定一個行動計畫是相對容易的事情，但是成功地實踐這個計畫卻是另外一回事了。

當你執行晉升計畫的時候，開始需要確立一個重要的策略，它將會讓你對自己的自制力、勇氣和強項有清楚的自我了解。保持自我約束的能力是計畫過程中重要的原則，對於你的升遷來說，這也是一項先決條件。如果你期望執行一項徹底、完美的晉升計畫，這就意味著你已經開始了良好的組織計畫。

第 3 章
做主管的好下屬

著名成功學家戴爾·卡內基說：「一個人事業的成功，只有 15% 是由於他的專業知識和技能，而 85% 要依靠他的人際關係和處世技巧。」

對於上班族來說，工作成果的取得、地位的升遷以及職稱的晉級，都離不開主管的鼓勵、幫助與提攜因此，怎樣與主管建立良好的人際關係，是上班族人際關係中的重點。

「說你行你就行，不行也行；說你不行你就不行，行也不行。」這句流行的俚語雖然有失偏頗，但也真實而又深刻地反映出了當今上班族面臨的現狀。那麼，身為一名上班族，要怎樣才能讓主管說你很行呢？

答案只有一個：做主管的好下屬。

博取主管的信任

日本阪急公司的創始者，也就是東寶公司董事長的實業家小林一三曾經說：「建立與取得信用乃出人頭地的方法。」

「即使是技能優秀的人，或精明能幹的人，如果沒有信用，其成功的希望還是很渺茫。一個人雖然能幹，但如果不被主管信任，就很難被重用。」

摸清主管對自己的信任程度

要博取主管對自己的信任，需先摸清主管對自己的信任程度。然而要怎樣知道主管對自己的信任程度呢？

小胡是在化工廠有 10 年年資的老員工，於 3 年前調進化驗科。化驗科的吳科長和小胡是同儕，兩人經常在一起打牌，彼此交情不錯。小胡認為吳科長很了解他，並且認為吳科長對他相當信任。

但是在 2022 年 8 月分公司加薪時，小胡發現自己加薪的幅度卻低於或等於其他同事。小胡為此感到很驚訝，於是他開始懷疑吳科長對自己的信任打折扣。

週末的一天，小胡將吳科長請到一個酒吧。在觥籌交錯之間，小胡試探性地談及一些他曾為公司提過一些增加做事效率的建議，誰知道吳科長竟然全部忘記了！

「原來以為與主管關係很好一定受到信任，其實是一種天真的想法。」小胡事後一副大夢初醒的樣子說。

富蘭克林曾說過：「如果你想知道金錢的價值，只要向人家借錢就知道了。」同樣的，如果你想知道主管對你信賴的程度，試著主動地說服主管看看。

說不定主管笑容滿面的臉孔會突然變得陰沉，露出「不能信任你所說的事情」的模樣。對此，也用不著用「原來這個人是這樣」來責備主管，而應趁這個機會，更加努力充實自己，以逐漸獲得主管對你的信任。

也有許多主管為了調動起下屬工作的積極性，經常說「我信任你，好好做」之類的話來鼓勵下屬，聽到這話，你千萬不能沾沾自喜，寧可認為自己遠未受到主管信賴，從而更加振作精神，努力爭取真正的信賴。

要懂得敬業

敬業的動機無非有兩個：一是為了提升自己的業務能力，放眼於未來發展；二是為了達到主管的滿意，得到主管的青睞。任何一個主管都會力爭使自己部門做出成績，拿出一些光彩的業績，那樣他自然地需要一個、幾個乃至一批兢兢業業、埋頭苦幹的下屬，需要一些下屬踏踏實實地為他做事。

我們提倡敬業，更提倡會敬業，這裡有兩個方面的技巧需要注意：

- **對工作要有耐心、恆心**：有許多人非常想做出一番事業來，但他們往往憑熱情做事，興趣來了就充滿熱情，熱情一過就敷衍了事，或者三心二意，缺乏耐心與恆心。在主管眼中，這樣的下屬是靠不住的，自然也就不會委以重任。
- **苦幹加聰明**：有的人工作認真、兢兢業業，但忙忙碌碌一輩子就是沒做出多少成績，不僅沒有得到提拔，反而在主管和同事的眼中留下了「笨」的印象，實在是可惜。苦幹是主管喜歡看到的，但主管更喜歡聰明和高效率的下屬。不妨設想一下，同一項任務，交給下屬甲需要一個月才能完成，交給乙可能僅要兩週時間就完成，那麼主管在用人時首先考慮的就可能是乙而不是甲。所以說不要蠻幹，必須善於動腦筋想辦法，提升工作效率。

勤於彙報

有些員工雖然努力地工作，但不太愛說話。儘管這些人的工作兢兢業業，但對於一個管理很多部屬的主管來說，他們往往是一群容易被遺忘的人。有時主管心情不好時，甚至會說「真不知道他們在做什麼！」

這些努力工作而又疏於彙報的人，常常得不到主管好的評價。

一個人如果不說話，別人就不能了解他。現代的生活步調變化極快，每個人的想法和感覺也各不相同。如果要讓主管了解你，你就必須抓住適當的機會，將自己的想法及願望主動地表達出來。

一般來說，任何一個管理者都非常看重兩樣東西：一是他的主管是否信任他，二是他的下屬是否尊重他。身為主管來說，判斷其下屬是否尊重他的一個很重要的因素，就是下屬是否經常向他請示彙報工作。

在工作中，主管和下屬往往容易形成一種矛盾，一方面下屬都願意在不受干擾的情況下獨立做事，另一方面主管對下屬的工作總有些不放心。那麼，誰是矛盾的主體呢？這就要看在下屬和主管之間誰對誰的依賴性更大。一般來說，在下屬和主管的關係中，主管總處在主導的地位。原因很簡單，他能夠決定和改變下屬的工作內容、工作範圍，甚至工作職責。一句話，在很大的程度上，下屬的命運是由上級掌握的。在這種情況下，要解決上述矛盾，通常的情況是下屬應適應主管的願望，凡事多彙報，這對那些資深且能力很強的下屬來說，就要解決一個心理障礙問題。即：不管你怎樣資深，怎樣能力強，只要你是下屬，你只能在上級的支援和允許下工作，如果沒有這種支援和允許，你將無法工作，更別說做出業績了。

身為下屬，你應該在下列三種情況下向主管彙報：一、工作進行中；二、工作預計會延期；三、工作完成。

去向要明

主管召喚某個下屬時，必定有事，並且大都是較為緊要的事。

例如：在董事會上，主管從會議室打電話給唐經理：「叫小李來一下會議室。」

然而在這緊要關頭，小李卻不知去向。

「叫別人行嗎？」唐經理小心地試探。

「他去哪裡了？會議上有一些資料必須由他來說明 —— 他到底去哪裡了？」

小李到底去哪裡了？也許他正在為公司的事而在外奔波。但很明顯，他已經讓他的頂頭主管唐經理難堪了：連自己下屬的去向都掌握不住，一定會遭受主管的責難以及同僚的譏笑。

因此，身為一個上班族，在工作中應該做到：

- 離開辦公室時，要將去處向辦公室的人說清楚，而不能一聲不吭地離開。
- 如果預先知道機關要開會，而且也知道會議的議題，並預料到與自己有關，那麼當天最好不要走開。進一步來說，如果你時常注意每月的例行事情、每日的工作進度以及當天主管的行動，你就能夠判斷出這天能不能離開。

領會主管的意圖

正確領會和實現主管的意圖，通俗地講，就是做主管肚裡的蛔蟲，這是好下屬的重要基礎。如果說話做事違背主管意圖，那就可能「吃力不討好」，把事情搞砸。通常所說的主管意圖，是指主管在指導其社會部門或單位實現目標的過程中，透過文字或口頭下達命令、批示、決定、交辦等，這些都需要下屬用心去理解、體會，有時還要向主管當面詢問、請教。

徹底領會和理解主管的行動方針

當主管客氣地對你說「好好做，公司的未來要靠你們了」時，你的回答可能只有簡單的一句話：「我一定加倍努力，把工作做好。」回答雖然如此簡單，但事實上卻要複雜得多。從一開始，你就必須弄清楚要做什麼？為什麼要做？做到什麼時候？做到什麼程度等等。所以，需要將主管和下屬的意見以及自己的經驗為基礎，將主管的方針、思想和思考方法等做出歸納，然後站在主管的立場上考慮問題，安排自己下一步的工作。

了解主管的人格和行為

主管也是人，如果離開了主管職位，他和一般人毫無兩樣。身為下屬，要從正常人的角度去觀察、看待主管，對主管要有一點寬容，不必要求主管一定要人格高尚、出類拔萃，對主管所犯的小錯誤，可以視而不見。

理解主管對下屬的期待

完成主管安排的任務時，一定要上下合作，齊心協力地來做。從這一點看，要成為主管得意的下屬應該是能夠很好地理解主管的要求和期望，創造出色業績的下屬。

掌握主管的工作方法及特點

百種人就有百樣的性格，主管處理問題的方法也因人而異。比如聽取下屬彙報的時候，有的主管要求用口頭彙報，有的主管卻要求寫出書面資料；有的主管重視按規章和制度做事，有的主管卻注意人情和關係；有的主管做事乾淨俐落，非常果斷，可有的主管卻非常慎重，走一步看一步。身為下屬，必須抓住這些特點，積極地適應，而不能對主管的做法妄加議論。這一點是做好上下級關係的訣竅。

摸清主管的好惡及對問題的看法

好惡之分雖是主觀的東西，但主管既然也是人，就不能超脫各種情緒，比如喜歡聽的話就容易聽得進去。下屬平時要摸清主管愛聽些什麼，倘若彙報工作時，插入一些主管平常喜歡使用的用語，就會讓主管另眼相待。同時，要透過主管的言辭，很好領會主管對問題的看法，主管絕不會粗暴地對待為他帶來愉快的下屬。

封倫本來是隋朝的大臣，隋朝立國不久，隋文帝命令宰相楊素負責修建宮殿，楊素任命封倫為土木監工，將整個工程全交給他主持。他不惜民力，窮奢極侈，將一所宮殿修得豪華無比，一向以節儉自我標榜的隋文帝一見不由大怒，罵道：「楊素這老東西存心不良，耗費了大量的人力和物力，將宮殿修建得這麼華麗，這不是要讓老百姓罵我嗎？」

楊素害怕因這件事丟了烏紗帽，忙向封倫商量對策，封倫卻胸有成竹地安慰楊素道：「宰相別著急，等皇后一來，必定會對你大加褒獎。」

第二天楊素被召進新宮殿，皇后獨孤氏果然誇讚他道：「宰相知道我們夫妻年紀大了，也沒什麼開心的事了，所以下工夫將這所宮殿裝飾了一番，這種孝心真令我感動！」

封倫的話果然應驗了。楊素對他料事如神很覺驚異，從宮裡回來後便問他：「你怎麼會估計到這一點？」

封倫不慌不忙地說：「皇上自然是天性節儉，所以一見這宮殿便會發脾氣，可是他事事處處總聽皇后的，皇后是個婦道人家，什麼事都貪圖華貴漂亮，只要皇后一喜歡，皇帝的意見也必然會改變，所以我估計不會出問題。」

楊素也算得上是個老謀深算的人物了，對此也不能不嘆服道：「揣摩之才，不是我所能比得上的！」從此對封倫另眼看待，並多次指著宰相的交椅說：「封郎必定會占據我這個位置！」

可是還沒等到封倫爬上宰相的位置，隋朝便滅亡了，他便歸順了唐朝，他又要揣摩新的主子了。有一次，他隨唐高祖李淵出遊，途經秦始皇的墓地，這座連綿數十里、地上地下建築極為宏偉、墓中隨葬珍寶極為豐富的著名陵園，經過楚漢戰爭之後，地上建築破壞殆盡，只剩下了殘磚碎瓦。李淵不禁十分感慨，對封倫說：「古代帝王耗盡百姓、國家的人力、財力大肆營建陵園，有什麼益處！」

封倫一聽這話，明白了李淵是不贊同厚葬的了，這個曾以建築奢侈而自鳴得意的傢伙立刻換了一副臉孔，迎合地說：「上行下效，影響了一代又一代的風氣。自秦漢兩朝帝王實行厚葬，朝中百官、黎民百姓競相仿效。古代墳墓，凡是裡面埋藏有眾多珍寶的，都很快被人盜墓。若是人死而地知，厚葬全都是白白地浪費；若是人死而人知，被人挖掘，難道不痛心嗎？」

李淵稱讚他說得太好了，對他說：「從今以後，自上至下，全都實行薄葬！」

從這個例子中可以看出，一個善於揣摩主管意圖的人，不僅要了解主管的心理、稟性、好惡，還要了解他所處的環境及人事關係，這樣，不僅能先行一步，還能做到棋高一著。封倫的修宮殿，表面上看是沒有準確揣摩隋文帝，其實他知道，真正當家作主的是皇后，他從她那裡入手，這才是真正的揣摩高手呀！

理解主管的處境，體會主管的心情

有些事情必須由主管做出決定，而主管優柔寡斷時，他往往想徵詢下屬的意見。當你感覺到主管處於這種境遇時，就可以對主管說：「我有這樣一點想法，您看如何？」此時，他定會耐心傾聽。假如你的意見被主管採納了，你就會得到他的喜歡。

做主管的往往希望在下屬的工作中表演一番，當下屬的要體會這種心情，要為主管登臺表演創造機會，盡量滿足主管的這種心理。比如：在一件任務已接近完成，下一步就能達到預定目標的重要時刻，要請主管出馬。如果你能準備出這樣的場面，則主管對你的評價一定會提升。

理解主管的難處

主管確實有很大的權力和自主的餘地，但是，他還有很多難處。主管常常為下屬不努力工作而著急；主管同時也被人主管，往往要受「委屈」；一旦工作失誤，責任重大等等。但出名、晉升等等肯定還有相當的魅力，即使有人口頭上說「不為做官出名」，其行徑卻常常與此相反，做下屬的做到心中有數就行了。

做到了以上幾點，你就成為主管肚裡的蛔蟲了。

切勿與主管唱對臺戲

一個處處和主管唱對臺戲的下屬，必然沒有好結果。要想晉升，需順從你的主管。

不要在乎主管擺架子

「擺架子」似乎很讓人討厭，很多人認為擺架子是脫離眾人的表現，但實際上，它既然存在，從某處意義上講，就有存在的理由和合理性。我們可以看到「擺架子」有以下幾個方面的作用：

「擺架子」可以顯示權力

普遍認為，擺架子是自高自大、裝腔作勢的作風，這也是人們對「擺架子」產生反感的原因。但從另一角度看，「擺架子」絕不僅僅是一個消極、負面的東西，而有著它積極而微妙的意義，成為許多人主管和管理下屬的一種十分有效的方法。

「擺架子」其實可以理解為一種「距離感」，許多人正是透過有意識地與下屬保持距離，使下屬了解到權力等級的存在，感受到主管的支配力和權威。而這種權威對於主管鞏固自己的地位，推行自己的政策和主張是絕對必要的。威嚴感會使主管形成一種威懾力，使下屬感到「服從也許是最好的選擇」，而「不服從則會給自己造成不利」。

身為下屬，如果你能理解到主管為保護、運用和擴大權力而絞盡腦汁、不遺餘力時，如果你能理解到這種權力正是他事業有望成功的基礎時，你就會理解「擺架子」的祕密了。

「擺架子」會使主管產生滿足感

無論任何人，都有實現自己人生價值的願望。不同的人價值觀不同，其實現價值的程度也不同。毫無疑問，主管也需要人生價值得以實現的滿足感，有些時候，他還會因此而顯得洋洋得意，不自覺地表現為某種「架子」。

深諳「擺架子」之妙用的人很多，但能夠在理論上深刻地加以闡述，並在實踐中加以運用的人則非戴高樂莫屬。戴高樂在他的著作《劍鋒》中寫道：

「一個領袖必須能夠使他的下屬具有信心。他必須能夠維護自己的權威。」

「最重要的是，沒有神祕就不可能有威信，因為對於一個人太熟悉了就會產生輕蔑之感。」

「（一個領袖）沒有威信就不會有權威，而他與人保持距離，他就會有威信……」

所以，「擺架子」絕非是一個簡單的道德問題，它還包含相當多的主管藝術的奧妙，更有著心理學上的微妙含意。

「擺架子」有助於處理政務

如前所述，「擺架子」是一種距離感。距離感不僅會給主管帶來心理上的安全感受，而且還為他處理人際關係及政務提供了一個轉圜的餘地。許多人正是靠著這種距離感的調整來實現著自己的目的。

在不同的時間、場合下，對不同的人擺出不同的「架子」就會形成不同的人際距離。沒有層次感的隨和和友善，則是「仁有餘，威不足」，不能達到這樣的效果，還不利於主管處理棘手問題。許多主管最頭痛的便是事無巨細都要親自處理，他們更希望自己能抽出時間和精力處理大事。所以，許多領導者就喜歡利用這種「輕易不可接近」的「擺架子」來逃避細小瑣事的煩擾，把更多的腦力用於謀劃大事上。

現在，你能夠理解你的主管為什麼會在你面前擺架子了嗎？如果你明白了，那麼你就應該順從他。

對主管的「怒火」耿耿於懷

有許多主管愛發脾氣，而且官做得越大，脾氣就越大。其實發發脾氣還有以下好處呢：

發脾氣有助於主管推進工作

主管之所以大發脾氣，最根本的原因就是因為他是掌權者，這種權力使他可以合法地管理下屬、調度工作並實施懲罰和獎勵。而對下屬發脾氣，可以看做是主管對未能按照要求準確、及時地完成任務的下屬的一種懲戒，它要比溫和的批評和規勸強烈得多，在很多時候也會有效得多。

事實上，發脾氣已成為某些主管推進工作的一種「技巧」，雖然我們每個人都清楚「怒則傷肝」，但是在有些部門、有些情況下，它的確是一種十分有效也非常簡便的方法。有些主管還善於運用發脾氣來達到「文治賢助，一張一弛」的管理效果。可見，發脾氣可以在工作的緊要關頭再加一鞭，也可使下屬對自己的錯誤有一個深刻而沉痛的認知，所以成為許多人的主管技巧之一。

發脾氣可以釋放過大心理壓力

主管不只是享有權力，還必須承擔相對的責任。在這種巨大責任的壓力下，主管的心情難免是很緊張的，很容易被下屬行為激怒。可以說，發脾氣是人類的一種很普遍、很正常的心理現象的外化，是心理壓力過重的結果。所以主管的脾氣看似無常實則是心理活動的一種必然表現，我們應該理解主管的這些情緒變化，就像理解自己偶發的一些小脾氣一樣。

幫助主管，他會感謝你

主管也是人，並非事事順心。很多時候，主管也需要做下屬的幫助——只是為了面子他們往往不會明說而已。

為處於困境的主管雪中送炭

主管雖然大權在握，但常常有難纏身。他們的困難，有的需要請求他的主管幫助解決，有的需要請求他的親朋好友解決，有的則需要下屬幫助才能解決。

「上交不諂，下交不瀆」，這是古訓。不在主管面前討好、諂媚是做人的最基本的原則，但如果把幫助主管排憂解難仍然視為諂媚則有失偏頗。主管在公事方面的困難，其實就是大家的困難，幫助主管解除這樣的困難，也就是幫大家的忙，幫自己的忙。

主管的困難，不論是公事方面的還是私事方面的，下屬如果進行幫

助，都不應該等主管開口，而應該主動出手。

求人幫忙，總是萬不得已而為之。為什麼？求人幫忙，把自重感讓給了對方，而自己則有一種自卑感和負疚感。如果對方能主動幫忙，困難很快得到了克服，自卑感可以較快地消失。如果對方無動於衷，三番兩次相求還懶得行動，自卑感會達到極點，使人感到受辱，自卑感會變成討厭感。因討厭這種見難不幫的人而寧願讓困難發展到不可收拾的地步也不願再去求他，甚至不再願意和他一起相處。主管求下屬更是這樣，人家已經收了架子，把自重感讓給了你，如果你不識抬舉，他可以另求他人，不受你的「窩囊氣」。

幫人圖報是一種市儈的意識，它嚴重影響相互之間的關係，損害相互之間的情誼。把這種意識帶到上下級關係中來，上下級之間的關係就變成了赤裸裸的金錢關係：不用金錢，主管就沒有凝聚力和號召力。然而一個正直的、稱職的主管是不會徇私情的。對於幫人圖報的下屬，不但不會「報」，還會從此看出他的唯利是圖的本性，進而對他失去信任。

幫助犯錯的主管

任何人如果犯了錯誤，心情都是沉重的，希望得到別人的諒解與幫助，主管犯了錯誤更是這樣。因為主管犯的錯誤，往往不只是他個人的問題，而是整個部門的問題。在這種時候，下屬如果能從多方面給予幫助，相信主管是能心領神會的。

主管犯了錯誤，或者有犯錯的苗頭，他自己並未覺察，可能不認為是錯誤，不認為發展下去會犯錯。在這種情況下，他不會輕易地接受你的指正，搞得不好，還會產生反感，不但達到預期的目的，還有可能使彼此之間的關係弄僵。因此，幫助主管要講究方法，最基本的要掌握以下幾條：

一是批評盡量在私下進行，以保全主管的面子。切忌當著眾人的面指出主管的錯誤，批評應該盡量在私下進行。可以事先和主管商量，告訴他。你要私下指出他的某一錯誤，並且不要耽擱他很多時間，這樣做，一般都會接受。特別是當他知道你把在眾人面前發現的錯誤巧妙地在私下給他指出時，他會很感激。你尊重主管，主管也會想著你，並尊重你所提出的批評。如果主管很忙，難於找到私下談話的時間和機會，你可以用 LINE 或 E-MAIL 等方法指出其錯誤所在。

二是批評盡量用「糖衣」。俗話說：「良藥苦口利於病，忠言逆耳利於行」，這當然是不錯的，但這主要是對被批評的一方說的。對於批評的這一方來說，良藥裹上糖衣使之不苦，忠言講究藝術使之順耳，這樣做效果同樣顯著，且對批評者大有益處。

三是不與主管爭論。下屬批評主管的時候，如果主管不能接受，最好不要爭論。生活中十之八九的爭論，結果都是使雙方不歡而散，反而更加堅持自己的意見。批評主管時，更不能借伶牙俐齒來戰勝別人，即使短時間內占了上風，但卻會因此樹立了一個強敵。此外得意洋洋地攻擊對方的言論，找出他的破綻，贏得這場爭論，自己往往也並不感到舒心。

當主管的錯誤還處在萌芽狀態的時候，主管本人大多覺察不到自己正在犯錯誤。但是「當局者迷，旁觀者清」，做下屬的大都看得很清楚，在這種情況下，如果你為了討得主管的歡心，以「好好先生」的面貌出現，無異於給正處在昏昏狀態下的主管的眼睛蒙上一層灰塵，使他一錯再錯下去。需要注意的是主管對自己錯誤的覺察與其他任何人一樣，都需要一個過程，這個過程是痛苦的，艱難的。這時候，「好好先生」的每句話，常常可以使正在鼓足勇氣改正錯誤的主管舒舒服服地敗下陣來，回到原來的覺察階段，使之覺察錯誤和改正錯誤的過程拉長，於公於私、給人給己都繼續造成許多不應有的損失。當犯錯誤的主管完全清醒的時候，他會明白挽救他的是千方百計指出和幫助他覺察錯誤的人，害他的正是那些好好先生。

承擔主管不願承擔的事情

主管所做的工作很多，但並不是每件事他都願意去做、願意出面，這就需要有一些下屬去做，去代替主管將棘手的事辦好，替主管分憂解難，贏得主管的信任。

一般來講，主管有幾願幾不願：

- **主管願做大事，不願做小事**：主管的主要職責是「管」而不是「做」，是過問「大」事而不拘泥於小事。因此在實際工作中，大多數小事由下屬來承擔。此外，如果將過多的精力放於「小事」上，可能會使主管有降低了自己的「位置」，有損於主管形象的感覺。
- **主管願做「好人」，而不願做「惡人」**：工作中矛盾和衝突都是不可避免的，主管一般都喜歡自己充當「好人」，而不想充當得罪別人的「惡人」，可以說，這種心理是一種普遍的主管心理。此時主管最需要下屬挺身而出，充當馬前卒。
- **主管願領賞，不願受過**：聞過則喜的主管固然好，但那樣高素養的人實在是寥寥無幾。大多數主管是聞功則喜、聞獎則喜，在評功論賞時，主管總是喜歡衝在前面；而犯了錯誤或有了過失後，許多主管都有後退的心理。此時，主管亟待下屬出來保駕護航，勇於代主管受過。

代主管受過除了嚴重性、原則性的錯誤外，實際上無可非議。從工作整體講，下屬把過失總結到自己身上，有利於維護主管的權威和尊嚴，把大事化小，小事化了，不影響工作的正常開展。此外，因為你替主管分憂解難，贏得了主管的信任和感激，對你日後的發展將是有益的。

為被孤立的主管送去溫暖

當主管被孤立或處分時，往往眾叛親離，孤立無援，灰心喪氣……不一而足，此時，其心理體驗與普通人一樣陰暗，但是，同普通人相比，這種失意往往是極端輝煌和榮耀之後的失意，其心理落差會更大，對心理上的衝擊會更強烈，對世情冷暖會體驗得更深刻，而對重獲顯赫的渴望也更強於常人。

「患難之中交知己」，在主管處於危難之中時，一點一滴的幫助都會讓他覺得珍貴，受到感動。因為在與他「同甘」的人背他而去時，卻有「共苦」者能繼續支持和幫助他，這是對他忠誠的最大表現。此時沒有一個主管會拒絕這份幫助，也沒有一個主管能夠忘記這種真誠。

當主管被孤立或受處分時，下屬該如何與之相處呢？你不妨從下面幾個角度加以考慮。

弄清原委

主管受到孤立或處分的主客觀原因是多種多樣的，但一般不外乎下面幾類原因：

一是和上級關係未處理好。主管也有自己的上級，而且，隨著主管級別的上升與權力的增大，這種上下級關係會變得更加難以處理。你的主管並非事事精明、處處擅長，他也可能因為經驗不足，處事不慎，脾氣不合，未能處理好與其上級之間的關係。

二是在人事排擠中失利，被同事排擠。由於主管層內有分歧，有些人還「挾外人以自重」，各種鬥爭手段層出不窮，令人防不勝防，在這種鬥爭過程中，主管就很可能錯誤地估計了形勢，或者受人暗算，或者是「強龍難壓地頭蛇」，從而在爭權的過程中失去了對局勢的控制，陷於某種孤立無援的狀態，被人「架空」。

三是上下級關係緊張，和同事關係惡化。造成這種狀況的原因為兩種：

- 主管工作作風不好，引起眾怒。有些主管任人唯親，賞罰不公，作風粗暴，獨斷專行，更有甚者濫用權力，生活腐化，這自然難以服眾，必然會招致各種譴責，陷入孤立。
- 主管可能因工作觸及除了許多人的利益，不能為下屬們理解，結果引起下屬的不滿，而在推行方針政策方面陷入孤立。對不同的情況，你應分別加以對待。

四是以權謀私受到查處。以權謀私行為的出現，往往是由於缺乏外部監督而引起個人私欲的膨脹所造成的，它不是不可以悔改的。但很明顯，它是道德和政治上一個不可彌補的汙點，特別是對一些級別較高的主管，這些問題一旦被曝光，往往意味著其政治生命的結束，對此，下屬應該有一個清醒的認知和冷靜的分析。

五是被人誣陷。主管是最易被人嫉恨的。對於那些達不到自己不正當目的的人來說，主管就是其「眼中釘，肉中刺」，因此便會想出種種卑鄙手段進行誣告陷害。然而，對下屬來說，除非有確鑿的證據或有絕對的信任存在，否則，誰也說不清主管是真的犯了錯誤，還是真的被誣陷，對此，就要下屬的觀察和理解了。無論主管犯的是哪類錯誤，你都應該找出問題發生的根源，確定其性質，預測其前途。並把它們身為你確定應對策略的基礎。

獻忠有方

在主管陷於孤立無援的處境之中時，下屬的忠誠是最珍貴、最讓主管難忘的饋贈。然而，正如不懂「破」便不知「立」一樣，下屬在知道「忠誠」的同時，也應知道什麼是「選擇」。古人就有「良鳥擇良木而棲」的告誡，下屬應該追隨那些英明賢達、胸有大志的主管，而不應對那些道德敗壞者盲目地「愚忠」。因此，下屬一定要弄清楚主管的為人和他被孤立或處分的原因、性質。對於那些品德低下的主管，最好退避三舍，而對於其他性質問題的主管，則不妨多些寬容和支持，在其危難之時獻出你的忠誠。

當然，即使奉獻忠誠，也是要講究方法的，方法不得當就會適得其反：

- **不冷落主管**：主管受孤立或被處分，並不意味著他已不是主管，也不意味著他已沒有前途。只要他沒有明顯的過失，沒有觸犯眾怒，下屬還是應該一如往日地熱情對待他。當眾人散去，只有你並未因主管的受挫而冷淡他，這自然會被主管看在眼中，記在心上，並暗暗感激你的寬容和支持。
- **私下裡多些鼓勵和問候**：當主管被孤立或受處分時，其心裡的苦悶是可想而知的，私下裡慰問你的主管，會大大增加你們彼此的感情。
- **出謀劃策**：慰問和鼓勵主管的確會密切上下級的感情，但卻無助於問題的解決。如果你想在與主管的關係方面更進一步，成為其真正的「貼心人」，你就要學會出謀劃策，幫助主管走出困境。一旦主管認知到你是在為他著想，也的確為他指明了一條明智的、擺脫困境的方法，他將會對你大為欣賞。
- **支持工作**：一如既往地支援受孤立的主管的工作，這既是對主管忠誠的一種表現，也是對工作負責的一種態度。特別是那些有上進心的主管，非常想盡快地做出成績，擺脫困境或將功補過，這時他最需要有人支援他的工作，對你的付出他定會心懷感激，暗記在心。

幫助主管擺脫困境

處於困境之中的主管需要下屬的安慰和鼓勵，更需要下屬實實在在的行動，因為只有行動才是改變現實求得發展的唯一出路。能在言語上慰藉主管的下屬，會使主管感到溫暖；而能在行動上幫助主管擺脫困境的下屬，則會被主管視為「患難知己」。

人們常常說「同甘共苦」，「同甘」人人都會，「共苦」又有幾人能做到呢？在困境中與主管「共苦」，竭力幫助他，你終會有苦盡甘來的一天。

為要退休的主管送去關切

俗話說「善始善終」，雖然主管要走下主管職位了，彼此也不再是上下級關係，但是妥善處理這方面的關係仍是很重要的，它反映了一個人的眼界、涵養和處世的水準。

過河莫拆橋

在有些急功近利的下屬看來，主管即將退休，不再掌握實權，因此對自己不再有用，態度馬上急轉直下，由有意巴結變為有意冷淡。這種以「利」作為衡量一切事物的標準的人，實在是不聰明，是短利行為，難成大器。

過河拆橋不僅是一個道德和誠信問題，而且對於下屬來說也未必有什麼好處：

一是主管身退，餘威尚存。主管要退休了，不再握有實權了，但主管的威望卻並不會立刻消失，它們會透過各種方式對公司內部的既定關係產生影響。有許多主管在與下屬共同的奮鬥歷程中結下了深厚的友誼，這種友誼經得住時間和困難的考驗，具有某種內在的恆定性。許多下屬仍願意聽從其號召，並且在其退休之後可能仍與其保持著私下的來往，透過這種人際互動，主管的觀點、看法等仍會作用於公司內部的人際關係，只是不如從前那麼強烈而已。

此外，主管曾經提拔和重用過的人不會忘記他。這些人現在很可能處於某個很重要的工作職位上，他們與主管有著千絲萬縷的連繫。雖然主管可能不再有權力了，但他的經驗還在，他的人際關係網還在，這些非正式的途徑都會影響到公司內部某些主管成員的看法。既然主管尚有這麼大的威力，而受到影響的人物又存在於你的身邊，與你的切身利益息息相關，你又豈能過河拆橋呢？

二是過河拆橋，自斷後路。有的人可能會認為，既然已過了河，拆橋便不會對自己有什麼損失，但是，別人一旦看在眼裡，便不會再為你搭橋了。人的一生中不可能只渡一條「河」，由於過河拆橋者已失去了「信譽」，讓人覺得不可靠，不值得信賴，就很難在困難時刻得到幫助。

讚揚主管的輝煌歷史以及他引以為榮的事情

人到了退休年齡，就喜歡回憶過去，回想自己的輝煌歷史。讚揚主管輝煌的歷史的過程，也就是你向他表達對他的欽佩和敬意的過程。而老年人總是喜歡那些尊重自己的年輕人。

談論自己從他身上學到的東西

即將退休的主管，就像一本精深的厚書，這其中凝聚著他在一生奮鬥歷程中所總結出來的珍貴經驗，而這些經驗的獲得又往往是經過許多的失敗和挫折才總結出來的，因此，其經驗對下屬來說，是尤其珍貴的。談論自己從主管身上學到的東西，會激發他對你的認同感。談論自己從他身上學到了很多東西，也是顯露了自己謙虛的美德，進而贏得別人的讚揚。

瞻望退休後的美景

無論如何，主管退休以後都會有某種失落感，此時他最需要別人的安慰以實現自我的心理平衡，所以，你不妨對他退休後的生活做一番美好的描繪，表示你的羨慕之情，從而使主管獲得某種寬慰，振作精神，開始新的生活。

為主管描繪一幅他退休後享受天倫之樂的圖景，鼓勵主管退休之後培養一些有情調的業餘愛好，使他用輕鬆的心境來安排自己的生活，相信他會感到十分寬慰的。

給主管一塊乳酪

心理學研究發現，人性都有一個共同的特質，即每一個人都喜歡別人的讚美。一句恰當的讚美猶如在點心中夾著一塊乳酪，使人甜在心裡。因此，適度的讚美是贏得主管的青睞、縮短與主管的距離、成為主管心腹的重要方法。我們的主管也都是血肉之軀，他們同樣需要他人的讚賞與獎勵。我們對主管讚賞的目的是使他們領會到我們的真誠，同時也得到他最真誠的幫助，形成一種良好的上下級的關係。

值得注意的是，讚美不是「拍馬屁」，讚美是一門微妙的藝術。

讚美主管要不卑不亢

有人認為活著就是為了升官發財，就需要借助別人尤其是主管的力量，而拍馬屁是最容易贏得主管青睞的方法，故而不擇手段，以喪失人格和尊嚴為代價換取一時的利益，實在不可取，也是與主管相處的忌諱。

不卑不亢是稱讚主管的原則，也是關係到人格和尊嚴的問題。

讚美主管要恰到好處

恰到好處的讚美被譽為「具有魔術般的力量」、「創造奇蹟的良方」，稱讚他人是一種內功，稱讚應讓人感覺到是發自內心的，而不是恭維、阿諛、拍馬屁。

讚揚與欣賞主管的某個特點，意味著肯定這個特點只要是優點，是長處，對群體有利，你可毫不顧忌地表示你的讚美之情。主管也是人，也需要從別人的評價中，了解自己的成就及在別人心目中的地位，當受到稱讚時，他的自尊心會得到滿足，並對稱讚者產生好感。如果得知下屬在背後稱讚自己，還會加倍喜歡稱讚者。

讚美主管要有所選擇

要選擇主管最喜歡或最欣賞的事和人加以讚美。卡內基說：「打動人心的最佳方式是跟他談論他最珍貴的事物，當你這麼做時，不但會受到歡迎而且還會使生命擴展。」切忌對無中生有的事加以讚美，若你這樣做，會使人們感覺到你是在「拍馬屁」而心生厭惡感。

另外，不要在讚美主管時同時讚美他人，除非他是上級最喜歡的人。即使這樣，你在讚美他人時也應掌握一個尺度。

讚美主管要實話實說

拍馬屁的另一個特點就是說謊話、說大話、脫離事實，在外人看來是無稽之談。讚美必須是由衷的，虛情假意的恭維不但收不到好的效果，甚至會引起對方的鄙夷及厭惡。

主管也不蠢，他們知道自己的優缺點所在，如果有人胡亂奉承，他們也不會胡亂接受。即使表面上像是接受了，而實際上也能夠分辨出誰在胡言亂語，誰是忠誠踏實。

以大眾的語氣讚美主管

有人認為要透過讚美主管得到主管對自己的好感，於是失時機地表達自己的讚語，還有的乾脆把別人稱讚主管的話身為自己的話說出來。比如說 :「我覺得您怎樣怎樣」，這樣的讚揚其實是一種最低層次的、狹隘的、不高明的做法。

主管固然想知道自己在個別下屬心目中的形象，但他更關心的是自己在大家或大眾心目中的聲譽。一個人的讚揚只能代表稱讚者本身對主管的看法，而一般的主管都明白一個道理，一個人說好不算好。高明的稱讚要加上大眾的語氣，以大眾的目光來稱讚主管，並把自己的讚美融入其中。

以大眾的語氣稱讚主管代表的是同事群體的一致的看法，不僅可以避免同事的嫉妒和非議，而且還把同事的好的看法傳達給主管，可贏得同事的尊重。在主管看來，這樣的讚美沒有個人動機在裡面，不是拍馬屁，容易自然而然地接受。

以大眾的語氣稱讚主管必須符合實際，真正代表大家的共同看法，否則就與拍馬屁糾纏不清了。如果大家實際上對主管的某一做法不滿意，而謊稱「大家一致認為您的做法很好」，欺騙了主管，最終有一天會露餡。

以大眾的語氣稱讚主管，需要注意下面幾點：

- 平時注意觀察同事對主管的反應，眼觀六路，耳聽八方，搜集各種資訊，並善於歸納出一些大家都贊同的好的事情。常言道：凡事豫則立，不豫則廢。平時如果不留心別人怎樣看待主管，當自己稱讚主管時頂多只能談談一己之見了。
- 以大眾的語氣稱讚主管還要有寬廣的胸懷。有人奉「人不為己，天誅地滅」為經典，處處為自己私心所困，心胸狹隘，不僅嫉妒別人稱讚主管，更沒有勇氣把同事稱讚主管的話傳達給主管，生怕這樣做是徒勞無功。這樣的人既不能贏得主管的信任，也不能獲得同事的好感，最終不能成就大事。只有心懷坦蕩、內心無私的人，才有勇氣和信心把大家稱讚主管的意見轉達給主管。
- 要注意在公共場合多以大眾語氣稱讚自己的主管。主管的形象需要時時刻刻維護，尤其在公共場合，主管更希望得到認可和稱讚、比如會議、參觀訪問等，主管很需要推銷自己，靠自己自吹自擂顯然太假，此時，下屬若以大眾的語氣宣傳自己的主管、稱讚自己的主管，更容易讓別人接受，更具有說服力。

讚美主管要注意場合

讚美主管也要「因地制宜」，因場合和情景不同採取不同的方式。這裡列舉幾種特殊場合分析一下稱讚主管時應注意的事項。

當著主管的親屬的面稱讚主管

在很多公司，因各種原因，下屬經常能碰到主管的親屬。主管在家人面前往往很要面子，不僅需要此時下屬表現得「聽話、順從」，還很希望下屬能當著主管親屬的面「美言」兩句，長長主管的面子：

- 抓住主管與其親屬間的共同特點加以稱讚。一家人總有一家人共同的性格、愛好、能力等方面的特點，一般地講，讚揚這些方面的同時就讚揚了主管一家人。
- 當著主管親屬的面稱讚他，可以代表群體的看法，以群體的口吻來進行稱讚。
- 要坦率、真誠，說話不要含糊，更不要吞吞吐吐，讓人聽起來好像言不由衷或有所保留。
- 不要片面追求全面稱讚，稱讚不要過於具體。主管在公司和家庭之間的表現不盡一樣，有的表現差距很大，稱讚的方面過多，必有不當之處反被其親屬抓住。

當著主管的上級的面稱讚主管

你的主管也有上級，你的主管的評語和晉升是由他的上級掌握的。你的一句或許不經意的話也可能成為主管的上級給你的主管評定功過是非的依據。還有一個層面的問題需要注意，即你對主管的讚揚和評價能否使他的上級接受？所以此時的讚美要慎而又慎。

不論在企業還是在政府機關，你、你的主管以及你主管的主管三者關係非常微妙。首先從眼前看，你必須在主管的手下工作，必須與他處好關係；但從長遠看，你畢竟又是他的潛在威脅，終有一天他會被取而代之；你被取而代之的權力並不掌握在你的主管的手裡，他無論多麼好，也不會心甘情願地給你讓位子，你的晉升機會掌握在你的主管的上級手裡，所以你同時還要與你的主管的上級做好關係。這就是稱讚你的主管之前必須深明的一條原則，捨此原則就會碰壁。

其次，要弄清楚你的主管與他的上級之間的共同點和分歧點，弄清楚他們之間的矛盾情況。對他們的共同點可以稱讚一番，而不必擔心得罪什麼人。對他們的分歧要實事求是地發表自己的看法，沒有必要極力恭維或刻意討好兩者中的一個。

此外，在這種情況下，明智的做法是不要妄加評論，更不要摻雜是非或情緒在裡頭。評價主管不是一件容易的事情，如果你的主管與他的上級關係很好，讚美誰都無所謂，效果肯定差不了。如果三個人都在場，不好開口發表意見，倒不如坦誠地說：「我不過是個無名小卒，對主管的事說了也沒任何影響，還是主管的鑑定具有說服力。」這樣的答案讓誰都不會難堪。

在交際場合怎樣讚美主管

常言道：「強將手下無弱兵。」主管的能力強、本事大、名聲好，下屬也不會差到哪裡。所以，在交際場合，在介紹你的主管時，先進行一番讚美，對推銷你的主管和你都是絕對必要的。

總結經驗，在交際場合讚美主管要注意下列事項：

- 要言簡意賅。因為時間限制，不要囉嗦，概括性地讚美幾句，把主要的話點出來即可。
- 要使讚美的話確實達到推銷主管的作用，而不是相反。
- 要讓主管成為大家關心的中心，可以想方設法創造條件，並且要記住：自己千萬不能搶「鏡頭」。
- 要根據需求提前打好腹稿，從從容容地讚美。

如何與不同性格的主管來往

穆罕默德說：「山不過來，我就走向山。」山是不可能主動走向穆罕默德的。同樣，身為下屬，需根據主管的不同性格，採取一種主動的方法去拉近自己與主管的距離。

與懦弱的主管來往

懦弱的人一般不會當領袖，即使當領袖，大權也必定不在手中，自有能者在代為指揮。你必須看準代為指揮的人是什麼性情，再圖應對的方法。千萬不要與這種軍師型的人物發生衝突，否則必遭失敗。

與豪爽的主管來往

豪爽的主管最愛有才氣的人，只要善用你的能力，表現出過人的工作成績，那麼只要時機一到，絕對不用擔心你沒有晉升的機會。時機未到時，你仍要愉快地工作，並且要做得又快又好，表示出遊刃有餘的能力。同時還要隨時留心機會，一旦發現可以異軍突起之機，就要好好把握。切記所計劃的一切要十分周詳，然後相機提出，只要一經採用便可脫穎而出意見被採用表示你有能力，如果再委託你來執行計畫，就足以說明你的能力已被肯定。你的發展既然已有了好的開端，捷徑也已經掌握，那麼只要一步一步地走上去，遲早會晉升，但不要操之過急。

與熱忱的主管來往

剛一接觸就對你表示特別好感的主管，不要有相見恨晚之感和受寵若驚的反應。你並不清楚他的熱情能持續多久。對這類主管，最好是若即若離。「若即」，不會讓他因你的突然冷淡而失望；「若離」，不致使他親密只在短時間內高漲，速來速去。採用這種處理方法，萬一他的情緒低落，你可以靜待機會；情緒高漲時，可以讓他緩緩降溫，以達到合適的熱度。總之，就像鐘擺一樣，讓他在一定的幅度內來回擺動，以致無限。

與冷靜的主管來往

頭腦冷靜的主管在各種狀況下始終能保持常態。遇到這種主管，你提出的工作計畫和實施建議，不要自作主張，等到決定計畫後，只要負責執行就是了。執行的過程必須作詳細記錄，包括極細微的地方。這種一絲不苟的作風正是這種主管所喜歡的。如果執行過程中遇到困難，你最好能自行解決，不必請示。隨機應變非他所長，多去請示反而可能會貽誤時機，最好事後用口頭報告你當時處理問題的方法，他就會很高興。但要注意的是，即使事後報告，也要力求避免誇張的口氣，雖然當時的確難度極大，也要以平靜的口氣加以輕描淡寫好，如此反而更能表現你應變的本領。

與陰險的主管來往

陰險的主管城府極深，對不滿意的人好施報復，設法剪除。由疑生忌，由恨生狠，輕拳還重拳，且以先下手為強，寧可打錯了好人，也不肯放走了敵人，抱著與其人負我，不如我負人的觀念。其人喜怒不形於色，怒之極，反有喜悅的假相，使你毫無防範。

陰險的主管，絕不會採用直接報復的手段，而總是使用計謀。如果你的主管是這種人的話，身為下屬只能如履薄冰，兢兢業業，一切唯主管是從，賣盡你的力，隱藏你的智慧。賣力易得其歡心，隱藏智慧使他不會把你看在眼裡，更不會忌你、妒你、恨你。如此一來，或許可以相安無事。

如何對待主管的批評

身為下屬，有許多時候會招來主管的批評：自己做了錯事、受了汙蔑……甚至主管心情不好或者他不欣賞你，都可以讓你嘗到批評的滋味。

不管你挨的批評是哪種原因，你在面對主管的批評時，都要注意以下幾點：

讓主管把話說完

在主管批評你的時候不要打岔，靜靜地聽他把話說完，尤其要注意自己的動作、表情，不要讓他感覺到你不願意繼續聽下去。正確的做法應該是直視他的目光，身體稍微前傾，表明你在很認真地聽取他的批評，等對方把話說完後再進行解釋，或提出反對意見。

肯定主管的誠意

不管主管的批評是否有理，你首先在口頭上要肯定他的誠意，如果主管確實有誠意的話，你的態度會讓他感到欣慰，從而他的態度也會漸漸緩和下來。如果主管是另有動機的話，對於你表現出來的禮貌和涵養，會讓他心虛，從而表現出不自然。這樣，你還可以從對方的反應分析他的批評是否是善意的，不要暗示對方，認為他對你的批評是基於某種不為人知的企圖，這樣，在你們之間會產生更深的對立。因為，即使主管確實出於某種動機，也有權利對你的某些行為提出異議。

讓主管把批評你的理由說清楚

你應積極地促使批評者說出他的理由，這種方法有利於你了解真相，從而找到解決問題的方法。有些主管在提出批評時，不能做到就事論事，而是用一些含糊其辭的言語，這時讓他把要說的話徹底說完，這樣對方在說話過程中自然而然會流露出他真實的想法，你也因此能捕捉到事情的緣由。採用認真、低調、冷靜的方法對待主管的批評，不會損害你們之間的關係。

不要頂撞

主管批評你肯定有他的道理，聰明的下屬能善於利用批評，對待批評，這也展現了對主管的尊重。即使是錯誤的批評，處理得好，壞事也會變成好事，主管認為「此人虛心，沒脾氣」，可能會把你當作親信；而如果你亂發牢騷，雖然一時痛快，但你和主管的關係就會惡化，會認為你「批評不得」，因此也就得出了另一種結論「這人重用不得」。

至於當面頂撞主管則更不可取。不僅主管很失面子，你自己也可能下不了臺。如果你能在主管發火的時候給他個面子，大度一點，事後主管會感到不好意思，即使不向你當面道歉，以後也會以其他方式補償你，或是下次主管會收斂一點，對你都有好處。

不要強調過多理由

受到責罵，不是受到某種正式的處分，所以你大可不必百般申辯。受到責罵只是使你在別人心裡的印象有些損害，但如果你處理得好，主管會產生歉疚之情、感激之情，你不僅會得到補償，甚至會獲得更有利的效果，這與你面子上的損失一比，孰輕孰重，顯然是不言自明的。而你要是反覆糾纏，寸理不讓，非把事情弄個水落石出，主管會認為你氣量狹窄，斤斤計較，怎能委你以重任呢？

不要將批評看得太重

主管批評你時，他最希望下屬能服服貼貼，誠懇虛心地接受批評，最惱火的是下屬把主管批評的話當成了「耳邊風」，依然我行我素。

其實，主管也不是隨便出言批評你的，所以你應誠懇地接受批評，要從批評中悟出道理來。

當然，也不應把批評看得太重，覺得自己挨了批評前途就泡湯了，工作打不起精神，這樣最讓主管瞧不起。把批評看得太重，主管會認為你氣度太小，他可能不會再指責你了，但他也不會再信任和器重你了。

該拒絕時就拒絕

人的可貴和獨特之處在於有自己的見解。下屬對主管的意見如果不贊同，要會說「不」字。那些怕得罪主管、對主管唯唯諾諾者，主管也許會喜歡一時，但很難長久欣賞。

對主管不要迷信

主管要求下屬不但要做事，而且要把事做好。一個人要想把事做好，除了配合主管外，必須要動腦筋，有自己的主見。這種主見有時不可避免地會與他人的想法不一致，其中也包括與主管的想法有出入。如果因為怕與主管頂撞而不表達自己的主見，久而久之，主管就會認為你是一個沒有主見的人，這對你今後的發展是非常不利的。

拒絕主管的要求並不是一件容易的事，但在內心不情願的情況下勉強接受工作，工作起來就感到索然無味，也很難獲得好的工作成績。因此，自己若沒有能力完成某項工作時，最好不要貿然答應。

一般來說，主管總會懷著期待的心情，認為自己的指示和命令下屬當然會接受。此時若出人意料地遭到拒絕，主管的心理感受一定不妙。所以下屬向主管說「不」的時候，出言必須謹慎，還要進一步緩和對主管的抗拒情緒，以免主管有些尷尬，進而使他能以輕鬆的心情接受你的反對意見。

減少主管的抗拒情緒

曾經擔任過日本東芝社長的岩田弍夫說過一句話：「能夠『拒絕』別人而不讓對方有不愉快的感覺的人，才算得上一個優秀的員工。」

因此，拒絕其實是一門學問：

「拒絕」含有否定的含義，無論是誰，自己的意見或要求被否定，自然會造成情緒上的波動。

美國前總統雷根在拒絕別人的請求時，總是會先說「yes」，然後再說「but」。這種先肯定後否定的表達方式，讓被拒絕方看來是一種深思熟慮、謹慎的態度，對緩和被拒絕遭拒絕時的排斥感有顯著作用。

要等主管把話說完

有一種不經心的拒絕態度，就是主管還沒有把話說完，就斷然地否決他。這樣一來，主管即使不惱怒，也不會對你有好感的。要說服別人，總需要聽清楚對方所說的話，這樣才能找出說服對方的理由。

以問話的方式表示拒絕

以問話的方式拒絕主管時，不要用直接表達自己的意見的方式，應改用詢問的形式。

如：「從以後的發展或長遠的觀點來看，結果會如何呢？」退一步講，用請教的方式，可保住主管的面子，主管或許就漸漸會向你的設想靠攏。

提出替代方案

提出替代方案的好處在於，你儘管拒絕了主管的計畫，但並不是拒絕主管本人，而是認為他這個計畫行不通，你仍然敬佩主管的工作熱情和對工作負責的態度。因此，你提出這個替代方案只是為了使主管能把工作搞得更好。這樣一來，主管明白了你的苦心，往往不會責怪你，甚至會認為你在替他分憂，久而久之，視你為值得信任的人。

第 4 章
做同事的好同事

十年修得同船渡，能夠有幸成為同事，緣分之深是不言自明的。

不管是職員還是主管，在公司中，都同時扮演著同事的角色。同事間的來往，恐怕僅次於家庭成員間的來往了。因此，我們說，同事關係是家庭之外最為重要的社會關係，所以，如何與同事共事、相處，對一個人工作是否順心如意、能否成功晉升有著舉足輕重的作用。

掌握好與同事來往的基點

日本人有一種習慣，初到一個新環境，第一件事就是向周圍的同事、同學作自我介紹，然後說請大家多多關照，表示了一種希望得到信任和幫助的願望。

在工作中表現出的人與人的關係是一種相互依存的關係，因為大家的事業是共同的，必須依靠合作才能完成。而合作又需要氣氛上的和諧一致，情感上互不相容，氣氛上彆扭緊張，都不可能協調一致地工作。

每個人都有著自己的個性、愛好、追求和生活方式，因環境、教養、文化水準、生活經歷等區別，不可能也不必要求每個人處處都與他所處的群體合拍但是誰都懂得，任何一項事業的成功，都不可能僅依靠一個人的力量，誰也不願意成為群體中的破壞因素，被別人嫌棄而「孤軍作戰」，這就是共同點。一個有修養的、群體感強的人，是能夠利用這一共同點，以自己的情緒、語言、得體的舉止和善意的態度去感染、吸引或幫助別人，使人與人之間的關係更融洽。

與人為善、平等尊重，是與同事友好相處的基礎，應該主動熱情地與同事接近，表示一種願意與人來往的願望。如果沒有這種表示，別人可能會以為你希望獨處，不敢來打擾你。切忌不要顯出孤芳自賞、自詡清高的態度，使人產生你高人一等的感覺。不平等的態度永遠不會贏得友誼。

言談舉止也是非常重要的。談話應選擇同事感興趣、聽了愉快的話題，使人覺得你是個談得攏的朋友，只有讓人從你的言談中得到樂趣，同事才會願意與你交談。

任何人和任何事情都不可能盡善盡美、盡如人意，善於發現同事的長處，了解到大多數人都是通情達理的，會使自己以寬容的態度與同事相處。誰都會有不順心的時候，善於克制自己的情緒，約束自己的行為，在別人產生消極行為和不良情緒時又能予以諒解，這正是一種有教養的表現，它會使人處處感到你友好的願望。

其實，能否與同事友好相處，主要取決於自己。美國出版的《成功的座右銘》一書介紹，一所大學的研究表明，顯示一種真正以友誼待人的態度，60% ～ 90% 的高比率是可以引起對方友誼的反應的。負責此項研究的亨利博士說：「愛產生愛，恨產生恨，這句話大致是不會錯的。」

用好的人緣種下善的果實

既為同事，就必然要合力謀事，長期相處。無論是在工作還是生活中，誰都會遇到坎坎坷坷，所以，能幫人處且幫人，當同事遇到困難尋求幫助時，不妨伸出熱情的雙手，真誠地助人一臂之力，在不知不覺中為自己存下一份善果。

小虎與阿祥同時進入某機關，兩個人同樣有較強的工作能力，無論主管交給他倆什麼任務，他倆都能非常漂亮地完成。為此，兩人經常受到主管的讚揚。但是，在同事之中，他們倆卻有不同的地方：大家都喜歡小虎，有什麼事總是找他幫助。而小虎也的確為大家做了許多事，因為他待

人謙遜又有能力，與大家非常合得來；而阿祥則不同，雖然他也能辦許多事，但大家都有意無意地疏遠他，有什麼事也不會找他幫忙，因為阿祥這個人個性高傲，喜歡離群獨居。

阿祥也意識到了這種差別，但他並不想改變這種狀態，他認為這樣很好。無論同事們怎麼對自己，主管總還是喜歡自己的，有主管撐腰，他覺得不應該在「瑣事」上顧慮再三。況且這樣也不錯，他可以按照自己的個性安排一切，不會受別人不必要的影響。最重要的，從心底而論，阿祥有些看不起小虎。阿祥認為小虎那種謙讓態度十分虛偽，是一種做作的表現。當然，阿祥並沒有把自己這種感覺表露出來，他認為無論小虎怎麼做，都是人家自己的事，別人不應該干涉他。可見，阿祥也是具有一定容人度量的，但可惜他沒有表現出來。

就在阿祥按照自己的個性生活的時候，主管說主管有指示，要在他們之中選一名宣傳部長。而且這次主管有明確指示，一定要堅持公平選舉，任何主管不得從中作梗。面對這樣一個好機會，阿祥從心底認為自己應該能升遷，因為他不但喜歡這份工作，而且文筆不錯，經常在市報上發些小新聞，絕對不會辜負主管的厚望。但是，聽說這次不是主管任命，而是由大家直接選舉，他的心真的有些涼了。他明白單憑自己的「人緣」，自己絕不是小虎的對手，況且小虎在宣傳方法上也有其獨到的能力。阿祥了解到了這種差距，但他不是一個小肚雞腸的人，即使他明白自己有不足，他也要進行一場公平競爭。

結果正如他所預料的那樣，小虎幾乎以全票得了這個職位。其實要是阿祥去了，工作照樣能做好，甚至可能會更好。一個本來平等的機會，卻由於兩者個性不同而導致巨大的差距。這個教訓值得每一個人仔細思索。

對於協調與同事的關係，有的人馬馬虎虎，以為同事之間無所謂，大可不必左右逢源，協調四鄰；而有的人則極為看重，在同事中間拉幫結派，並極力找主管做靠山，形成自己的勢力，以為憑此就能高枕無憂。其實，他們都錯了。在同事之間協調關係，同樣不能粗心大意。其中的功利關係自不必說，只一個「人緣」問題就可能把你拖垮。可見，對待同事既不能漠不關心，不聞不問，更不能拉幫結夥，因為那樣只能害了自己。要想有一幫適合自己開展活動的好同事，就必須真心幫助他們，在謙和中充分展露自己的個性。

事事為大家著想，處處關心他人，這樣做在平時並不顯眼，而且似乎還處於一種被動地位，所以有些人就是不願意「做」。從小虎的例子來看，那些人未免太短見了。像小虎這樣的人才稱得上「真正聰明的人」，在平時就已經為自己日後的發達打下了基礎，到時候只要有機會，就可以水到渠成了。你要把好事做在明處，大家的眼睛是雪亮的，不會有人視而不見的。即使真有人「視力」差，那也不愁找不到證人況且你這樣做本來就已博得了大家的好感。只要你在公司裡有了人氣，人緣好，就等於鋪平了晉升的道路。

同事相處的黃金法則

與同事相處並沒有太多的繁文縟節，但也不能大喇喇地隨心所欲。要知道，得到一個同事的認可也許要用數年的時間，而失去一個同事的支持卻不用一天。以下是同事之間相處的法則：

寒暄、招呼作用大

和同事在一起，工作上要配合默契，生活上要互相幫助，就要注意從多方面培養感情，製造和諧融洽的氣氛，而同事之間的寒暄有利於製造這種氣氛。比如：早上上班見面時微笑著說聲「早安唷」，下班時打個招呼，道聲「我先走囉，拜拜」等等，這對培養和製造同事之間親善友好的氣氛是很有益處的。另外，外出公差或工作時間要離開職位辦件急事，也最好和同事打個招呼，這樣如果有人找時，同事就可告訴你的去向。如果來了急事要處理，同事也可以幫忙。寒暄、招呼看起來微不足道，但實際上它又是一個展現同事之間相互尊重、禮貌、友好的互動。

共事合作不能「挑三揀四」

與同事們一起共同合作，切莫「挑三揀四」，把苦差事推給別人；把輕鬆、舒服、有利可圖的工作留下給自己；同事們拚力苦幹，你卻暗地裡投機取巧。這樣他們就會覺得你奸猾、不可靠，不願與你合作共事。同事之間只有同心協力，不斤斤計較，協同作戰，才能共謀大業，共同發展。

共事合作要有誠心

俗話說「人心齊，泰山移」，與同事共事一定要講誠信，互相信任，互相支持，互相幫助。在同事面前莫耍花招，要說一不二。如果共事時貌合神離，心懷鬼胎，該出手相助，卻偏偏袖手旁觀，甚至耍手段坑害同事，時間一長，必然會被識破，失去同事的信任，最後成為孤家寡人，一事無成。

同事面前不要吹牛

同事之間能力大小總會有差異，如同十個手指有長短一樣。如果你才華出眾，能力強，做事效率高，在同事面前不要自高自大，盛氣凌人。對於能力稍差的同事不屑一顧，只能招致他人的反感和抵觸，因而失去與更多同事的合作機會，失道寡助，最後把自己置於孤立無援的境地。

取得佳績不要炫耀

工作中取得了成績，心情感到喜悅和高興，這是人之常情，但千萬不可在同事面前炫耀賣弄。過多談論自己的成績、功勞，就會使同事感到有抬高和顯示自己，輕視或貶低他人之嫌。因為自吹自擂者，要誇的自己都誇了，別人還有什麼可說的呢？要講的也只有對你的「反感」了。

不要苛求和挑剔同事

每一個人都會有自己的缺點和不足，與自己相處的同事是一樣，工作和生活中總會出現一些過失、缺點，甚至錯誤，這是在所難免的。對於同事的過失和一些錯誤，要善於體諒和寬容。

人非聖賢，孰能無過？對於同事的過失和不足，只要不是原則問題，只要不影響大局和全面，除進行友善的幫助和提醒之外，更重要的是採取寬容和大度的態度去原諒別人，只有這樣才能贏得同事的友好和精誠合作。如果採取苛刻和挑剔的態度對待同事，那麼同事在你眼中一切都不會如意。同樣地，同事也不會與你同心、同德來共事。

及時消除誤解和隔閡

同事們長期在一起共事，接觸的機會多，發生分歧和摩擦的因素也會多。比如：做工作計畫時意見有分歧；評先進時同事的觀點不統一；對他人的優缺點評價不中肯等等。有些矛盾是自覺造成的，也有些摩擦和隔閡是不自覺造成的。因此說，同事中出現一些誤解和隔閡是難免的，也是正常的。這些誤解和隔閡的存在並不可怕，問題的關鍵是要及時消除誤解和隔閡，不讓矛盾和摩擦繼續發展和惡化。是誤解的要及時說明和解釋，如不便說明或解釋不清的，最好請其他同事幫助。如果自己確有過錯，就要

及時賠禮道歉，賠償損失，求得同事諒解。對於同事的過錯，能諒解的盡量採取寬容態度。實在想不通的，也不要放在心裡嘔氣，乾脆開誠布公地找同事談談，只要注意說話誠懇，態度和善，事理充分，相信別人還是能夠接受你的意見的。如果對同事中產生的誤解和隔閡不及時消除，讓其積壓成怨，以後矛盾就難以解決了。當然，同事之間也就不好合作共事了。

▌不搬弄是非

和同事相處不搬弄是非，這一點也是很重要的。比如有的人在老李的面前講老張的不是，在老張的面前又講老李的不是；還有的人喜歡道聽塗說，傳小道消息。這樣一來，同事間就會糾葛不斷，風波迭起，弄得同事之間不得安寧。因此同事之間要相安共處，就要不搬弄是非，不該問的不去問，不該說的不去說。不要對一些同事論長道短，也不要對不清楚的事亂發議論，要加強品德修養。一個人應該養成在背地裡多誇讚別人的好處，少講或不講別人的壞處的習慣。

▌關心同事，樂於助人

在生活和工作中誰不會遇到一些波折和困難呢？和同事相處，切忌「萬事不求人」、「萬事不助人」的錯誤想法。俗話說：「天有不測風雲，人有旦夕禍福」，誰能保證自己一生不會遇到意外和不幸呢？顯然不能。如果你遇到意外的打擊，同事對此不聞不問，本可以幫助你解脫困境而不予幫助，可以使你免受痛苦而不幫助你解脫，你會怎樣想呢？因此，同事之間要相互關心，相互幫助，特別是在同事危難之時，要伸出援助之手，扶助一把。比如：同事有病，身體不好，工作上盡量照顧一些；同事家裡發生了不幸，要給予精神上的慰問和物質上的接濟等等。

不要有性別歧視

即使是在 21 世紀的今天，男女待遇不平等的現象依然存在，其實男女先天的一些不同（包括生理及心理上），完全一視同仁也會引起困擾。由於男性與女性各有其特徵，你必須了解到這一點，才能恰如其分地與之相處。

一般來說，男性雖然勇敢而強壯，但卻粗心而散漫；女性雖然體貼而細心，但卻柔弱而膽小。因此，一般的公司都採用男性來從事對外的交涉及開拓，而採用女性從事內部的文書處理及後援工作、換句話說，就是以男性採取攻勢，女性為守備。如果彼此能夠互相協助，各自發揮長處的話，就能夠合作無間地完成工作。

這樣的職務分配，是依據男性與女性的性格不同而劃分的，並非有職位上的高低貴賤。但是，有些男性卻自認為自己是主角，女性只是助理而已。有這樣想法的男性很容易引起女性的反感，因而得不到女性的協助。

現代女性的女權意識高漲，因此男性如果對女性有輕蔑的態度或舉動，很容易會遭到女性的群體抗議和討伐。在西方，有些國家的女權運動，從幾百年前就持續進行到今天，尊重女性早已是時代的趨勢，身為現代社會的男性，絕不應該還有輕視女性的想法。

以往在工作上的責任區分，多有重男輕女的現象，女性多為輔助男性的工作，責任也比男性要輕。但是，現在已經大不相同了，女性所擔負的工作責任並不比男性輕，工作從分量上比更不少於男性。以同樣的工作來說，以前的男性員工只要負責進攻就可以了，公司內部的事自有女性員工代為打理，所以男性很容易就會表現得非常專橫，凡事都以命令的語氣要求女性：「立刻把這個做一做。」但是，在現代的男女性相互之間必須講

求互相尊重，是自己的工作就要自己解決。

這是以男性為例來說明，而女性也一樣不能歧視男性。近年來，女權主義蓬勃發展，經常可見到男性被女性歧視的情況產生。

由於女性的工作地位越來越受到尊重，即使是男性主管也不能隨隨便便地對女性下屬說：「喂，倒杯水來！」而是必須用很客氣地語調說：「麻煩你幫我倒杯水好嗎？」

總之，不論是男性或是女性，懂得尊重別人的才能得到別人的尊重。

不要批評女性的相貌或穿著

女人是非常講究穿著的，雖然你只是想拿她的穿著開開玩笑，但是很容易就會刺傷她，等到對方受到了傷害再解釋：「我只是開開玩笑的，別放在心上。」「我不是那個意思，你誤會了。」也無法減輕對方的傷害。即使你只是開玩笑，對方也會很認真。

有時候只是男同事之間的談笑罷了，但如果傳到女性的耳朵裡可就麻煩了。尤其是批評女性的相貌及身材，這無異是嫌棄對方的意思。

每一個人對自己的容貌具有相當的自信，因此很不喜歡聽到別人批評自己的長相，即使是平、圓、胖、黑這些不經意的批評也很不喜歡。至於身材方面，像或不像某人、太高、太矮、太胖、太瘦等，這些聽起來無傷大雅的批評，也會招來對方的白眼。

即使你並不是這個意思，但隨便一句話也很有可能讓對方產生不愉快的聯想。尤其是現代女性更是特別敏感，隨便一句話都很有可能惹惱她們。有些人口無遮攔地說：「喂！你怎麼還沒有嫁人呢？你的年紀也已經不小了吧？」或是「我們辦公室的老小姐還真多，是不是風水不好啊？」

然後哈哈大笑。這樣挖苦女性的男性實在有失厚道，如果你周圍的男性正在口無遮攔的嘲笑女同事時，你可千萬不要加入，以免歧視。

前面提過不要批評女性的容貌及身材，另外還要提醒的一點是，不要對女性的容貌及打扮表現得漠不關心的樣子，但請注意關心她們卻不要批評。例如：某小姐今天換了髮型，你不妨稱讚她一下：「你今天的髮型很漂亮哦！」

在歐美社會中，若女性變換了髮型而男士卻沒有加以稱讚的話，這個男士會被視為沒有紳士風度，服裝也是一樣。

這種體貼對方的表現，不只是男性對於女性如此，在任何情況之下，人與人之間的禮貌及尊重都是不可或缺的。

兔子不吃窩邊草

辦公室戀情常常導致工作倫理的扭曲和破壞，一旦有了瓜葛，往往後患無窮。曾經聽人說過這樣的一句話：「男歡女愛是辦公室裡不可缺少的『道具』。辦公室內工作的男女，動不動就春心搖動，想入非非。」

你可能對這樣的論調不予苟同，不過，自從有了辦公室，並且將不同性別的男女共聚一室一起工作以來，彼此互相仰慕的辦公室戀情便開始流行。

沒有人能否認，辦公室的確是容易培養戀情的極佳空間。假如名花無主的她有幸目睹一位瀟灑的男士工作起來幹練、自信的模樣，很難不對他產生傾慕；同樣，如果血氣方剛的你看到一位儀態優雅、容貌秀麗的女士從影印間走出來，恐怕也很難忍住對她心神嚮往。

雖然人人皆知辦公室戀情絕對存在，不過，奇怪的是這類事情的結局

大多是最後不歡而散。而且，男女主角當事人動不動就變成眾矢之的，負面的批評永遠大於正面的肯定。如果兩個人都是單身，情況還稍微好辦些，假如其中一個已婚，那局面就複雜多了！

辦公室戀情容易受到質疑，主要是因為有違工作倫理。因為，「公平、公正、客觀」很可能會在兩人的私人關係中被質疑。此外，萬一兩人的愛情不幸破裂，關係不好了之後，不僅影響到公司的運作，往往也會跟著把個人的工作與事業前途搞砸。

你或許會不以為然地反駁：「自己可以不受私情影響，絕對可以做到公私分明」。不過，到了那個時候，戀情是否真的會影響工作精神與做事能力，通常變得已經不重要了。重要的是，周圍的同事與主管究竟如何看待這件事，因為，他們總是把自己認定的標準當成真正的事實。

一般而言，多數公司不喜歡內部出現任何形式的男女關係（外商工作的白領尤為注意），老闆不會欣賞那些沒有把精神全部放在業務上的人。很多公司甚至明文規定禁止員工談戀愛，任何觸犯禁忌的人都要被迫換工作。某些作風開明的公司，比如美國花旗銀行，則規定彼此在工作位階上不得為直屬關係，萬一真的遇到這種狀況，其中一人必須調到其他部門。

管理專家指出，辦公室戀情之所以危險，主要是受限於工作場所的政治性和人際關係的結構。辦公室畢竟不比家裡，在一個強調階層和地位的環境，性絕對是危險的。人際關係專家歐恩·愛德華耳提提出警告說：「辦公室愛情比辦公室政治更需要高明的技巧、冷靜的頭腦，否則無法保得百年身。」

歐恩並列舉了九條愛情戒律，提供所有春情蕩漾的工作男女遵守：

- 辦公室之「愛」不能淪為辦公室「性愛」。
- 打情罵俏已經夠令人難以容忍，更不用說逾越這一分寸。

- 愛情禁果，取前三思。
- 保持距離，以策安全。
- 務必視若天條不可觸犯。
- 不要挑逗主管。
- 不要挑逗屬下。
- 理智看待對方，務求了解對方為人。
- 使君有婦或羅敷有夫者，遠觀而不可褻玩。

職業女性的新境界

辦公室裡是兩性相處的世界，既可以合作無間，也容易轉身反目成仇。男女性格天生有別，不妨培養出彼此互補的合作新境界。

很多女性抱怨，她們在辦公室裡沒有受到男性公平、合理的尊重。

比如：自己的工作能力明明比男同事更高、更有效率，但是發現後來得到晉升的竟然不是自己，而是能力不如你的另一位男士。

你自認很有創意的意見在會議上提出並未得到認可，但是另一位男同事提出相同意見時，卻得到了稱讚。

你很想好好地與一名男同事合作完成一件銷售計畫，卻發現對方對你有敵意，而且處處扯你的後腿。

一位男同事毫不留情地當場批評你的行事作風，你覺得很尷尬，正在猶豫要不要找他解釋時，他反而故做無辜狀，拍拍你的肩膀說：「我說的話你別太在意。」

碰到上述情況，大多數的女性恐怕都會感到束手無策。對於男性帶有攻擊意味的行為，女性總是表現得很軟弱，很少有女性會當眾捲起袖子，正面與男性對抗。

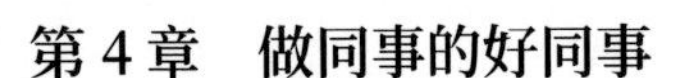

辦公室裡有兩性相處的世界，也是講究合作的團隊，按理說，彼此應互敬、互諒、互相扶持，而不是相互攻訐。不過，我們很少聽說有哪個公司在一起工作的男女同事，不會在背後評論對方的是非。

說起來，男、女同事在辦公室裡互別苗頭、一爭高下，其實也不是什麼新鮮事。有人說，男人既然已經統治企業界好幾百年了，把權力結構當成唯一爭取的目標與途徑，是很自然的事。只不過一般女性對於這種競爭方式，常常覺得很不習慣。她們認為，如果待在權力機構階層較少的企業裡，才會令她們非常愉快。

女性尤其不喜歡讓自己變成別人競爭的對手，這會令她們非常不自在。辦公室裡即使真的發生權力爭奪事件，她們大都也不會太在乎誰是贏家，誰是輸家。

至於男人們可就不同了，競爭其樂無窮，令人振奮。他們興致盎然地描述鬥爭的情節，誰出了什麼狠招？誰給誰那最後致命的一擊？他們幻想自己如果也是參與其中的主角，會用什麼方法才能將對手制服。

這就是男人與女人對「競爭」感受的態度，兩性之間竟如此截然不同。心理學家曾經分析，受到不同教育方式的啟迪，男性自小就認為，銳意進取的才是強者，方能得到主管地位，勝者是榮，敗者是辱，競爭是唯一的晉升之道。

而女性自小則被告誡，競爭與衝突有礙來往，必須竭力避免，以維持關係和諧，太過爭強好勝就會喪失人緣，不受歡迎。換句話說，女性普遍認為，受人寵愛比什麼都重要。

當衝突發生時，男性慣於借用競爭解決問題，女性則躲避衝突以保持和睦。因此，她們傾向於遷就、規避、折中、合作，不與人正面對抗。

相對的，一旦遭受挫折時，女性很願意將困難說出來與人分擔，男性則會強忍壓抑，絕不向人顯露自己軟弱的一面。男性生怕向人示弱，好像就表示自己比對方矮了一截。

當男、女雙方把這種行為習性帶進工作的場所，便會直接地影響彼此在工作上的表現。某些時候，當女性察覺到對方似乎懷有敵意時，問題可能不是出在歧視女性，而是他根本就把你當成工作上的競爭對手，想要打敗你。

如果用女性的標準來衡量，忍不住會發出這樣的疑問：「男人真是奇怪的動物，他們可以在商場上（或辦公室裡）拚個你死我活以後，再與對手一起結伴出去喝啤酒……」男人可以把競爭行為與人際關係分開，女人就辦不到。如果兩名女士在會議桌上針鋒相對，只要走出會議室之後，她們兩人的關係肯定從此破裂。

你可能會把男性的這種行為看做「不夠真誠」、「表裡不一」，但這只是依據你自己的標準，你無法阻止男性把事業當成一場競爭遊戲，你也不能期望一個平日對你不錯的男同事就不會挑剔你的工作。

那麼，女人應該學男人那一套嗎？女性如何才能贏得競爭呢？

有的時候的確必須如此，有些女性就察覺到：在工作上，想做一個又好又棒、處處討人喜歡的人，幾乎是不可能的，別人似乎根本不把你當成一回事。

管理心理專家建議女性：你必須抗爭，否則就會被人踩在腳底下。這個建議的前提是，既然你無法取悅每一個人，那麼，還是想辦法受人尊敬較好。他們同時提出了很多方法來幫助女性建立權威。比如：說話時的語調避免過於輕柔，以免別人懷疑你缺乏自信；縱使心裡再有委屈、不快，也不要在辦公室裡輕易掉淚，否則會損及你的專業形象等等。

畢竟，長久以來辦公室裡的競爭規則是由男性制定的，女性想要打破

很不容易。一些女性也承認，當她們試圖增加外在的中性形象並向男性的權力遊戲靠近時，確實得到了非常多的認同。一名女性指出：「這是一種障眼法，學習男性把公、私生活分開。」

當然，也有人不贊和女性這種改變，認為它會使女性的面貌變得越來越複雜，甚至喪失了本性。她們質疑：「為什麼不讓男性學習女性的合作精神呢？」

時代在變，在越來越強調「溝通」的工作場所，沒有人敢說男人的那一套競爭理論將來不會被淘汰。也許，男性也會反過頭來開始欣賞女性的價值觀。不過，在那一天尚未真正到來之前，如果身為女性的你不願意成為辦公室兩性競爭遊戲下的犧牲品，當「閃躲」不能奏效的時候，你最好伺機站在權力的那一方，才有得勝的希望。

職業女性如何對待男同事的「性趣」玩笑

也許是天性使然，男人似乎永遠都比女人表現出高度的「性」趣。大多數的男人可以把「性」話題當成開放的社交話語，但女性卻視其為特有的禁忌。當你看到一群男人聚集在辦公室內的某一個角落高談闊論，可別以為他們正在研商什麼國家大事，很可能他們在討論一個引發他們「性」趣的主題。

「李小姐今天不斷和我唱反調，我看她一整天都很不順眼，大概是『大姨媽』來了吧！」

「業務部那個長得很漂亮的劉小姐昨天接到一筆大訂單，聽說那個客戶對她一直頗有意思，兩人關係匪淺……」

每天穿著入時、身上飄出香水味的主管，也成為這些男人評頭論足的對象：「嗯！想必嘗起味道一定很可口！」

當你不經意地經過這些男人身邊，他們很可能立刻又把調侃的矛頭指向你：「嗨！親愛的小姐，你今天的樣子看起來很迷人，今晚準備跟我約會嗎？」

聽到這類話題，你的反應通常如何？面紅耳赤地掉頭走開？還是不甘示弱地反唇相譏？不論你採取什麼行動，你大概同意，其實這是男人的天「性」使然。至於你應該如何「接招」，這可真是一個不輕鬆的挑戰。

某些女性可能會把這些令人反感的挑逗、稱呼、問話、玩笑當成性騷擾，或者把對方視為大色狼。但有時男人之間這樣的對話，並不是真正對那位女士有特別的「性」趣，只不過是耍耍嘴皮子而已。這時候，你通常可以有四種選擇：

- 假裝沒聽到，不理不睬。
- 用激烈的言詞還擊，以牙還牙。
- 自我防衛，找各種理由替自己辯解。
- 加入他們的陣容，和他們一起開玩笑。

如果你選擇第 1 種，不理不睬，你別以為他們就會從此閉嘴。根據經驗，男人通常會以為你默認，或者認為你不在乎，於是就變本加厲的繼續擴大渲染。如果你選擇第 2 種，以牙還牙，以為男人會被你強硬的態度嚇倒，那你也未免太樂觀了。那些輸不起的男人，可能會到處放話，說你小題大作，惱羞成怒。假使你選擇第 3 種方法，自我防衛，你必須記住，絕對不能顯露出你的窘困不安，否則，他們仍會不斷地挑你話中的毛病，然後，樂不可支地鬧個沒完沒了。至於第 4 種方法，和他們一起開玩笑，應是上策。

不過不要誤會，這個意思並不是要你模仿男人的性幽默，大開黃腔，而是順應他們的話題快速又得體的找出應對的方法，見招拆招。信不信由你，男人遇到這種情況，大都會識相地摸摸鼻子走開。

以後當有男士對你說：「你真是秀色可餐。」「今夜你準備跟我約會嗎？」這類挑逗的言詞時，你可以大方的回答：「你已經夠胖了，不應該再貪吃！」「我得先打電話問問你的太太（或者女朋友），看看我今晚是否能和你約會！」

你必須了解一個事實，我們沒有辦法讓男人在辦公室內停止說他們有「性」趣的事，但是，如果你有足夠的智慧去應付，溫和而戲謔地指出他們的荒謬，就像是一面鏡子，讓他們看到自己出醜的模樣，至少他們會知道，以後在你面前必須收斂一點，因為，他們在你這裡只能是自討沒趣。

怎樣與愛搶功勞的同事合作

同事是個好大喜功的人，工作效率一般，魄力也不突出，總之，一點也不出色。但他最擅長的，是在主管和老闆跟前，把你的努力一筆抹掉，把所有功勞都搶到自己頭上。

一開始，你還不太在意，漸漸連其他同事也看不順眼，謠言開始滿天飛，令你再難以忍受這一切。

這時候如果你公開地表示不滿，只會把事搞砸，給某些不懷好意的人以更多挑撥離間的機會，得不償失。

你向主管或老闆投訴以表明態度也不是辦法，這樣容易變成「打小報告」，人家只會以為你「爭寵」、「妒才」，甚至是「惡人先告狀」，無端留下壞印象，越抹越黑。

可行的方法是：你主動向主管提出，你跟搭檔各自單獨負責某些任務，這樣，所有功勞、責任都一清二楚了。不過提出時要有技巧：「公司的業務蒸蒸日上，我們的工作又越來越多，我覺得我與搭檔都可以獨立工作，最好能夠讓我們分擔不同的任務，或可獲得事半功倍之效。」這樣說既達到了自己的目的，又不得罪同事，而且會讓主管認為你有積極性和責任感，可謂一箭三鵰。

怎樣與同事中的小人合作

小人人「小」能量大，千萬不能小瞧。

和小人共事若處理不好，常常要吃虧。

「小人」沒有特別的樣子，臉上也沒寫上「小人」兩字，有些小人甚至還長得既帥又漂亮，有口才也有真才，一副「大將之才」的樣子。

不過，小人還是可以從其行為中分辨出來的。

大體言之，小人就是那些做事做人不守正道，以卑劣的手段來達到目的的人，所以他們的言行有以下的特點：

- **造謠生事**：他們的造謠生事都另有目的，並不是以此為樂。
- **挑撥離間**：為達到某種目的，他們可以用離間去挑撥同事間的感情，製造他們之間的不和，好從中牟利。
- **阿諛奉承**：這種人雖不一定是小人，但這種人很容易因得主管所寵，而在主管面前說別人的壞話則很有殺傷力。
- **陽奉陰違**：這種行為代表他們這種人的做事風格，因此他對你也可能表裡不一。
- **趨炎附勢**：誰得勢就依附誰，誰失勢就拋棄誰。

- **踩著別人的鮮血前進**：利用你為其開路，而你犧牲他們是不在乎的。
- **落井下石**：你如果不小心掉進井裡，他會往井裡扔幾塊石頭。
- **推卸責任**：明明自己有錯卻死不承認，硬要找個人來背黑鍋。

事實上，小人的特點並不只這些，總而言之，凡是不講法、不講情、不講義、不講道德的人都帶有小人的性格。

和「小人」做事講究以下幾個原則：

- 不得罪：一般來說，小人比「君子」敏感，心裡也較為自卑，因此你不要在言語上刺激他們，也不要在利益上得罪他們，尤其不要為了「正義」而去揭發他們，那只會害了你自己！自古以來，君子常常鬥不過小人，因此小人為惡，讓有力量的人去處理吧！
- 保持距離：別和小人們過度親近，保持淡淡的同事關係就可以了，但也不要太疏遠，好像不把他們放在眼裡似的，否則他們會這樣想：「你有什麼了不起？」於是你就要倒楣了。
- 小心說話：說些「今天天氣很好」的話就可以了，如果談了別人的隱私，談了某人的不是，或是發了某些牢騷不平，這些話絕對會變成他們興風作浪和有必要整你時的資料。
- 不要有利益瓜葛：小人常成群結黨，霸占利益，形成勢力，你千萬不要靠他們來獲得利益，因為你一旦得到利益，他們必會要求相當的回報，甚至黏著你就不放，想脫身都不可能。
- 吃些小虧：小人有時也會因無心之過而傷害了你，如果是小虧就算了，因為你找他們不但討不到公道，反而會結下更大的仇。

並不是說做到了以上五點，你與同事中的小人們就彼此相安無事，但至少你可以把小人對自己的傷害降至最低。

如何避免掉入陷阱

《增廣昔時賢文》中有句話：「害人之心不可有，防人之心不可無。」用現代人的觀點來看，恐怕可以這樣來理解：人人在其工作、謀生的圈子裡都有可能遇到種種「陷阱」，而這些「陷阱」足以挫敗人的成功熱情。特別是在某些行業，明裡拉幫結派、互幫互助，暗地裡互相拆臺，設陷阱的現象此起彼落。雖然我們未必會去做設「陷阱」的人，但是如果要做贏家，就必須連別人也考慮進去，以防可能會出現的麻煩。

的確，「害人之心不可有」，因為害人會有法律和道德上的問題，而且也會引發對方的報復；如果你本來是「好人」，害了人反而會引起良心上的愧疚，實際上對自己的傷害更大。然而，在社會上光是不害人還不夠，還得有防人之心尤其在同事之間存在著競爭利害關係，在他想擴張他的欲望，或欲望受到危害的時候，「善人」也會在利害關頭顯示出他的「惡」例如有人為了升遷，不惜設下圈套打擊其他競爭者；有人為了生存，不惜在利害關頭出賣朋友……與同事相處，你要時刻提醒自己：周圍有小人，明槍易躲，暗箭難防。

木秀於林，風必摧之；堆出於岸，水必湍之；行高於人，眾必非之。古往今來，多少仁人智士，因其才能出眾，技藝超群，行為脫俗，招來別人的嫉妒、誣陷，甚至丟了性命。周公因謗而離朝，韓信遭誹受竹刀。

在某市機關的技術公司，李忠雲與王品亮是很好的朋友。他們原是高職同學，後來又進了同一間科技大學，他們既是同學關係又是同事關係，所以兩人都很珍視這份緣分。後來，局裡要在他們部門選拔一位中階主管，消息傳開後，部門裡的人都聞風而動，託關係，找門路，都希望自己是人選。但後來傳出內部消息，主管主要在考察李忠雲與王品亮。他們倆

的能力都很突出，尤其是李忠雲，能力強，為人也不錯。

幾天後結果下來了，令大家吃驚的是，中選的不是李忠雲，而是王品亮。大家想不通是怎麼回事，但王品亮最明白。原來，在王品亮得知選拔是在他與李忠雲之間進行時，他的私欲極大地膨脹起來，他暗下決心，一定要把李忠雲擠掉。他明白，如果公平競爭，自己不是李忠雲的對手，他只能靠小動作取勝。於是，他四處走動，在上級面前極盡獻媚之能事，除了誇張自己的能力外，還處處給主管一個暗示 —— 李忠雲有許多缺點，他不適合這份工作。王品亮與李忠雲相處多年，找出一些李忠雲的失誤非常容易，加之王品亮又編造了一些似乎很有說服力的證據。在王品亮的陰謀活動下，他終於把李忠雲擠了出去。

在成為同事之前認識或者是朋友的，當成為同事之後，這種關係是最不好處的，因為相互都了解底細，很容易就會「揭發」對方一下。所以處於競爭中的同事，必須時刻小心提防，特別是對了解底細的「朋友」更要防一手。正如李忠雲的遭遇一樣，他處於一種「防不勝防」的被動而尷尬的境地。其實，他沒有弄明白這一點：這時只有進攻才是最好的防守，若一味防守，成為受害的羔羊無疑就是你。

也正是鑑於這種情況，所以有許多人即使是再好的朋友，也不願意進入同一個部門成為同事，尤其是那種潛伏著利益衝突的同事。朋友好做，只要大家合得來就行，而這個同事關係的確困擾，因為其中充滿了勾心鬥角。做朋友時有來有往，協調得非常好。當帶著朋友的關係進入同事角色之後，由於種種原因，相互的心態可能會發生巨大變化，而這種變化只能有一個結局：那就是損害了以前良好的朋友關係，而這種關係的損害，不是因為有人精神昇華而產生的，卻是因為對利益的爭奪而形成的，這多少有些叫人寒心。所以，有許多人寧可做一輩子與利無爭的朋友，也不會去做利益豐厚的同事。

《孫子兵法·國形篇》中說：「善守者，藏於九地之下。」意思是說，善於防守的人，像藏於深不可測的地下一樣，使敵人無形可窺。與同事來往，也要謹以安身，避免成為別人攻擊的目標。有些人生性喜歡弄權，對付這種人，千萬別認真，白白讓自己生氣，叫對方暗自得意。碰到這種人可採用一種以退為進的策略，因為這類人多數是以聲勢取勝，凡事「大聲疾惡」，誓要將小事擴大。

人心隔肚皮，身為上班族，待人處世時多一個心眼是極有必要的。下面幾條規則，對你防備「不可測」的同事有很大幫助。

辦公室不可隨便交心

在現實中，正人君子有之，奸佞小人有之；既有坦途，也有暗礁。在複雜的環境下，不注意說話的內容、分寸、方式和對象，往往容易招惹是非，授人以柄，甚至禍從口出。人只有安身立命，適應環境，才能改造環境，順利地走上成功之路。因此，說話小心些，為人謹慎些，對避開生活的盲點，使自己置身於進可攻、退可守的有利位置，牢牢地掌握人生的主動權，無疑是有益的。況且，一個毫無城府、喋喋不休的人，會顯得淺薄俗氣，缺乏涵養而不受歡迎。西方有句諺語說得好：上帝之所以給人一個嘴巴、兩個耳朵，就是要人多聽少說。

孤軍作戰，要注意保存自己

在公司中，同事之間為了各自的利益，往往會互相猜忌，爾虞我詐。身處這種環境，就有如深入敵後孤軍作戰一樣，而孤軍作戰的最高原則就是「保存自己，消滅敵人」。

許多力爭上游的同事，很注意將對手打倒，卻不善於保存自己，這是不足取的。一方面要友好競爭，一方面要在眾人的競爭中保存自己，在勢孤力單的情況下，要夾緊尾巴，千萬不要露出想向上晉升的樣子，成為眾矢之的。俗話說：「不招人忌是庸人。」但在一個小圈子裡，招人忌是蠢材。在積極做事的時候，最好擺出一副「只問耕耘，不問收穫」的超然態度。

不要替人背黑鍋

在公司裡，做事好壞對錯，很多時候是由主管決定的。遇到自以為是的主管，做下屬的只能唯唯諾諾，甚至有時也要敷衍了事，得過且過。在這樣的環境下，最重要的事情是不要出事，不引起主管的雷霆之怒。但一有差錯，主管為了向他的主管交代，就會抓一個人背黑鍋。

不背黑鍋的方法其實很簡單，最有效的方法就是不冒險、不粗心，事事有根據，白紙留黑字，即使錯了也有充分理由解釋。

同事之間避免金錢來往

人們通常有一個壞毛病，向人借來的錢很容易忘記，借給別人的錢，經常記得牢牢的。因此，在錢的問題上，你必須注意五點：

- 身邊必須多帶些錢。
- 盡量避免向人借錢。
- 借出的錢若不多最好不要記住，借來的錢千萬要記住。
- 假如手頭不方便時，不要參與分攤錢的事。
- 養成有計劃地使用錢的習慣。

不要在同事面前批評主管

不論多麼值得依賴的同事，當工作與友情無法兼顧的時候，朋友也會變成敵人。在同事面前批評主管，無疑是白白丟把柄給別人。就算聽你傾訴的同事和你肝膽相照，不會做出賣你的事情，但也得小心「隔牆有耳」啊！

不要馬上安慰被主管當眾責備的同事

當同事在全體同仁面前公開被責備時，他所受到傷害，絕對比一對一挨罵要來得深。被罵的人也一定是怒火中燒，痛恨主管在眾人面前給自己難堪。這種情況下，馬上去安慰他，一定會引起主管的不滿，甚至引火焚身。所以此時說什麼話都不妥當，最好是保持緘默，然後在工作之餘把同事約出去吃頓便飯或進行其他形式的娛樂，轉換一下他的心情。這樣做，既不會引起主管的不快，還可博得同事的信賴。

切勿自揭底牌

在辦公室內，不論你平時表現得如何親切，也會有人視你為升級的障礙，或無端地被人當成敵對的目標。所謂：「不招人妒是庸才」，所以你也不用把這些不快之事放在心上。同事間能和平相處，自是最好不過，但如果敵意不可避免，便要小心應付，尤其對手是公司的元老時更要留意，因為他的工作能力或許不及你，但對公司的了解，對人事之間的微妙關係，則勝出你許多。在這時最重要的是不要讓他知道太多有關你的資料，包括你的背景、學歷、進修情況，與各部門主管的關係及手上工作的進度等。

讓你的對手知道越少，他越不敢大膽進攻。

怎樣對待同事之間的矛盾

辦公室裡有人勃然大怒，其實這並不是一件壞事，情緒高昂，表示溝通欲望高亢，同時也是化解矛盾的最好機會。

如果你想在工作中面面俱到，誰也不得罪，誰都說你好，那是不實際的。因此，在工作中與其他同事產生種種衝突和意見是很常見的事，碰到一兩個難於相處的同事也是很正常的。

但同事之間儘管有矛盾，仍然是可以來往的。首先，任何同事之間的意見往往都是起源於一些具體的事件，而並不涉及個人的其他方面，事情過去之後，這種衝突和矛盾可能會由於人們思維的慣性而延續一段時間，但時間一長，也會逐漸淡忘。所以，不要因為過去的小矛盾而耿耿於懷只要你大大方方，不把過去的衝突當一回事，對方也會以同樣豁達的態度對待你。

其次，即使對方仍對你有一定的歧視，也不妨礙你與他的來往。因為在同事之間的來往中，我們所追求的不是朋友之間的那種友誼和感情，而僅僅是工作，是任務。彼此之間有矛盾沒關係，只求雙方在工作中能合作就行了。由於工作本身涉及雙方的共同利益，彼此間合作如何，事情成功與否，都與雙方有關。如果對方是一個聰明人，他自然會想到這一點，這樣，他也會努力與你合作。如果對方執迷不悟，你不妨在合作中或共事中向他點明這一點，以利於相互之間的合作。

因為，你與大多數人的關係都很融洽，所以，你可能會覺得問題不在於你這一方；你甚至發現其他人也和他們有過不愉快的經歷，於是，大家都不約而同地將矛頭指向了那個人，所以，你會認為是他造成這種不融洽局面的。

你們雙方都沒有花時間去進一步了解彼此，也沒有創造一些機會去心平氣和地闡述各自的看法，因而，雙方缺乏對彼此的信任，個人間的關係也就會不斷倒退。怎樣才能夠改變這種局面、改善彼此的關係呢？

你不妨嘗試著拋開過去的成見，更積極地對待這些人，至少要像對待其他人一樣對待他們。一開始，他們也許會心存戒意，認為這是個圈套而不予理會。耐心些，沒有問題的，因為將過去的積怨平息的確是件費時的事。你要堅持善待他們，一點點地改進，過了一段時間後，表面上的問題就如同陽光下的水滴一蒸發便消失了一樣。

也許還有深層的問題，他們可能會感覺你曾在某些方面怠慢過他們，也許你曾經忽視了他們提出的一個建議，也許你曾在重要關頭反對過他們，而他們將問題歸結為是你個人的原因；還有可能你曾對他們的很挑剔，而恰好他們聽到了你的話，或是聽有一些人轉述了你的話。

那麼，你該做些什麼呢？如果任問題存在下去，將是很危險的，它很可能在今後造成更惡劣的後果。最好的方法就是找他們溝通，並確認是否你不經意地做了一些事得罪了他們。當然這要在你做了大量的內部工作，且真誠希望與對方和好後才能這樣行動。

他們可能會說，你並沒有得罪他們，而且會反問你為什麼這樣問。你可以心平氣和地解釋一下你的想法，比如你很看重和他們建立良好的工作關係，也許雙方存在誤會等等。如果你的確做了令他們生氣的事，而他們又堅持說你們之間沒有任何問題時，責任就完全在他們那一方了。

或許他們會告訴你一些問題，而這些問題或許不是你心目中想的那一個問題，然而，不論他們講什麼，一定要聽他們講完。同時，為了能表示你聽了而且理解了他們講述的話，你可以用你自己的話來重述一遍那些關鍵內容，例如：「也就是說我放棄了那個建議，而你感覺我並沒有經過仔細考慮，所以這件事使你生氣。」現在你了解了癥結所在，而且找到了可以為重新建立良好關係的切入點，但是，良好關係的建立應該從道歉開始，你是否善於道歉呢？

如果同事的年齡資格比你老，你不要在事情正發生的時候與他對質，除非你肯定自己的理由十分充分。更好的辦法是在你們雙方都冷靜下來後解決，即使在這種情況下，直接地挑明問題和解決問題都不太可能奏效。你可以談一些相關的問題，當然，你可以用你的方式提出問題。如果你確實做了一些錯事並遭到指責，那麼要重新審視那個問題並要真誠地道歉。類似「這是我的錯」，這種話是可能創造奇蹟的。

學會愛上你的對手

美國西部拓荒時期，一位牧場的主人因為全家大小被土匪槍殺，因而變賣牧場，天涯尋仇。

家被毀了，這種仇誰都想報。可是當這位牧場主人花了十幾年時間找到凶手時，才發現那凶手已經老邁且百病纏身，躺在床上毫無抵抗能力，他要求牧場主人給他致命的一槍。然而，牧場主人把槍舉起，又頹然放下。

最後，牧場主人沮喪地走出破爛的小木屋，在夕陽照著的大草原中沉思，他喃喃自語：「我放棄一切，虛度十幾寒暑，如今我也老了，報仇，它到底有什麼意義呢……」

讓我們首先來看看一個人要「報仇」所需的投資。

精神的投資 —— 每天計時「報仇」這件事，要花費很多精神，想到切齒處，情緒心神劇烈波動，更有可能影響到身體的健康。

財力的投資 —— 有人為了報仇而扔下一輩子的事業，大有「玉石俱焚」的味道。就算不扔下一輩子的事業，也要花費不少的財力。

時間投資 —— 有些仇不是說報就能報，三年五年，八年十年，甚至二十年四十年都有可能報不成，就算報仇成功了，自己也年華老去了。

一個成熟的人、有智慧的人知道輕重，知道什麼東西對他有意義、有價值，「報仇」這件事雖然可消「心頭之恨」，但「心頭之恨」消了，也有可能失去了自己，所以「君子」應嘗試著有仇不報。

也許你認為有仇不報能夠做到，但要愛上自己的對手，實在是件很難做的事，因為絕大部分人看到「對手」都會有滅之而後快的衝動，或環境不允許或沒有能力消滅對方，至少也會保持一種冷淡的態度，或說說讓對方不舒服的嘲諷話，可見要愛敵人是多麼難。就因為難，所以人的成就才有高有下，有大有小，也就是說，能當眾擁抱對手的人，他的成就往往比不能愛對手的人高大。

能愛自己的對手的人是站在主動的地位，採取主動的人是「制人而不受制於人」。你採取了主動，不只迷惑了對方，使對方搞不清你對他的態度，也迷惑了第三者，搞不清楚你和對方到底是敵是友，甚至還會有誤認你們已「化敵為友」的可能。但是，是敵是友，只有你心裡才明白，但你的主動，卻使對方處於「接招」、「應戰」的被動態勢，如果對方不能也「愛」你，那麼他將得到一個「沒有器量」之類的評語，一經非常，兩人的分量立即有輕重，所以當眾擁抱你的對手，除了可以在某種程度之內降低對方對你的敵意之外，也可避免惡化你對對方的敵意。換句話說，要在為敵為友之間留下了條灰色地帶，免得敵意鮮明，反而阻止了自己的去路與退路。

此外，你的行動，也將使對方失去了一個再對你進行攻擊的理由，若他不理睬你的擁抱而依舊攻擊你，那麼他必招致他人的譴責。

而最重要的是，愛你的敵人這個行為一旦做了出來，久而久之會成為習慣，讓你與人相處時，能容天下人、天下物，出入無礙，進退自如，這正是成就大事業的本錢。

所以，競技場上比賽開始前，兩人都要握手敬禮或擁抱，比賽後再來一次，這是最常見的「當眾擁抱你的敵人」的一種方式。

人與人之間或許會有不共戴天之仇，但在辦公室裡，這種仇恨一般不至於激化到那種地步。畢竟是同事，都在為同一家公司工作，只要彼此還沒有發展到你死我活的地步，總是可以化解的。記住：敵意是一點一點增加的，也可以一點一點消失。有句老話：「冤家宜解不宜結。」同在一家公司謀生，低頭不見抬頭見，還是少結冤家非常有利於你自己。不過，化解敵意也需要技巧。

別讓自己高高在上，以免招致嫉妒

嫉妒是基本人性之一，只不過有的人會把嫉妒表現出來，有的人則把嫉妒深埋在心底。

嫉妒是無所不在的，朋友之間、同事之間、兄弟之間、夫妻之間、親子之間，都有嫉妒的存在，而這些嫉妒一旦處理失當，就會形成足以毀滅一個人的烈火。不過，這裡只談朋友、同事之間的嫉妒。

朋友、同事之間嫉妒的產生大都是因為以下情況，例如：「他的條件又不見得比我好，可是卻爬到我上面去了。「他和我是同班同學，在校成績又不如我好，可是竟然比我發達，比我有錢！」……換句話說，如果你升了官，受到主管的肯定或獎賞、獲得某種榮譽時，那麼你就有可能被同事中的某一位（或多位）嫉妒。女人的嫉妒會表現在行為上，說些「哼，有什麼了不起」或是「還不是靠拍馬屁爬上去」之類的話，但男人的嫉妒通常埋在心裡，更有甚者則開始跟你作對，表現出不合作的態度。

因此，當你一朝得意時，你應該注意幾件事：

- 同公司之中有無資歷、條件比我好的人在我後面？因為這些人最有可能對你產生嫉妒。
- 觀察同事們對你的「得意」在情緒上產生的變化，以便得知誰有可能嫉妒。一般來說，心裡有了嫉妒的人，在言行上都會有些異常，不可能掩飾得毫無痕跡，只要稍微用心，這種「異常」很容易發現。

而在注意這兩件事的同時，你也要做這些事情：

- 不要凸顯你的得意，以免刺激他人，升高他的嫉妒，或是激起本來不嫉妒你的人的嫉妒。你若過於洋洋得意，那麼你歡欣必然換來苦果。
- 把姿態放低，對人更有禮，更客氣，千萬不可有輕慢對方的態度，這樣就可降低別人對你的嫉妒，因為你的低姿態使某些人在自尊方面獲得了滿足。
- 在適當的時候適當顯露你無傷大雅的短處，例如不善於唱歌，字寫得很差等等，好讓嫉妒的人心中有「畢竟他也不是十全十美」的幸災樂禍的滿足。
- 和心有嫉妒的人溝通，誠懇地請求他的配合，當然，也要揭示、讚揚對方有而你沒有的長處，這樣或多或少可消除他的嫉妒。

遭人嫉妒絕對不是好事，因此必須以低姿態來化解。而話說回來，嫉妒別人也不是好事，如果你有嫉妒之心，又無法加以消除，那麼千萬不要讓它轉變成破壞的力量，因為這種力量傷人也會傷己，而且嫉妒也會阻礙你的進步。因此，與其嫉妒，不如想法趕上對方，甚至超越對方。

在人屋簷下，一定要低頭

有一句話說：「在人屋簷下，哪能不低頭。」這句可以說是洞徹世事人情，因此這句話是相當有智慧的。

所謂的「屋簷」，說明白些，就是別人的勢力範圍。換句話說，只要你處於這勢力範圍之中，並且靠這勢力生存，那麼你就是在別人的「屋簷」下了。這「屋簷」有的很高，任何人都可抬高頭站著，但這種屋簷畢竟不多，以人類容易排斥「非我族群」的天性來看，大部分「屋簷」都是低的。也就是說，進入別人的勢力範圍時，你會受到很多有意無意的排擠和不明事理、不知從何而來的欺壓。除非你有自己的一片天空，是個強人，不用靠別人來過日子。可是你能保證你一輩子都可以如此自由自在，不用在「屋簷」下躲避風雨嗎？所以，在人屋簷下的心態就有必要調整了。

總而言之，「一定要低頭」的目的是為了讓自己與現實有著和諧的關係，把兩者的摩擦降至最低；是為了保存自己的能量，好走更長遠的路；是為了把不利的環境轉化成對你有利的力量，這是人性叢林中的生存智慧。

讓自己為別人所用

我們喜歡交勤勞誠實、為人大方的朋友，亦即是不斤斤計較、不怕吃虧的朋友。於是，憑勤勞誠實為人，大方取悅他人，便不失為一種做人的技術。

比勤勞誠實、為人大方更重要、也更受歡迎的人，是直接「對別人有用」的人。

古人說「天生我才必有用」，此說甚妙！無可否認，並不是每個人都是「社會棟梁」，但我們每個人，也許都有點「對某人有用」的用處。

這個「用處」是什麼，因人因事而異。

一招極重要的做人的訣竅，是針對什麼人或什麼事，發掘自己對這個人的「用處」，利用這「用處」來換取那些他可能對你同樣有用的東西。

人在「互相利用」的情況下會結交成「好朋友」。大者可以合作做生意以至發財，輕者也許單憑一張演唱會的門票便可換取到歡樂今宵。

最划算的事，莫如自己對人的「用處」根本不費事。要學這招做人的技術，其實只要動腦想一想：「好罷，我想和這人交個朋友，我有什麼對此人『有用』的地方令他（她）看上我？」

這不是什麼功利思想，其實，在人際關係上「用處」最能「促進友誼」。所以請你不要埋沒對別人的有用之處。你也許擁有許多「用處」還沒有拿出來「換取你的需求」。

如何避免同事的排擠

如果有一天，你發現你的同事突然一改常態，不再對你友好，事事抱著不合作的態度，處處給你設難題刁難你，出你的洋相，看你的笑話，你就得當心了。這些資訊向你傳送了一個重要訊號：同事在排擠你。

被同事排擠，必然有其原因。這些原因不外乎以下幾種情況：

- 近來連連升級，招來同事嫉妒，所以群起攻之排擠你。
- 你剛剛到公司上班，你有著令人羨慕的優越條件，包括高學歷、有背景、相貌出眾，這些都有可能讓同事嫉妒。
- 拍板聘你的人是公司內人人討厭的人物，因此連你也受牽連。
- 衣著奇特、言談過分、愛出風頭，令同事卻步。

- 過度討好上級而疏於和同事來往。
- 妨礙了同事獲取利益，包括晉升、加薪等可以受惠的事。

你的情況如果是屬於 1、2 項，這情況也很自然，所謂「不招人妒是庸才」，能招人嫉妒也不是丟臉的事。其實只要你平日對人的態度和藹親切，同事們不難發覺你是一個老實人，久而久之便會樂於和你來往。另外，你可以培養自己的聊天能力，因為同事們的最大愛好之一就是聊天，透過聊天改變同事對你的態度。

你的情況如果屬於第 3 項，那便是你本人的不幸，只有等機會向同事表示，自己應聘主要是喜愛這份工作，與聘用你的人無關，與他更不是親戚關係。只要同事了解到你不是「密探」身分，自然會歡迎你的。

你的情況如果是屬於第 4、5 項，那麼你便要反省一下，因為問題是出在你自己身上，想要讓同事改變看法，只有自己做出改善。平時不要亂發一些驚人的言論，要學會當聽眾，衣著也應切合身分，既要整潔又要不招搖，過度突出的服裝不會為你帶來方便，如果你為了出風頭而身著奇裝異服招搖過市，這會令同事們把你當成敵對的目標。

如果是屬於第 6 項，你要注意你做事的分寸。升遷、加薪、條件改善甚至主管一句口頭表揚都是同事們想獲得的獎勵，爭奪也在所難免，雖然大家非常努力地工作，但彼此心照不宣，誰不想獲得獎勵呢？

晉升加油站：晉升的基本常識

晉升的方式

下屬晉升的方式，按不同標準可分為：內升式與外升式；「爬梯式」與「跨越式」；三位晉升制與多路晉升制。

內升與外升式

內升式是指下屬從本系統內部逐漸晉升的方式。如由科長升為副處長一職等。採用這種方式，由於其對本部門、本系統情況諳熟，依天時、地利、人和，易迅速打開局面，做出成績，展示風采。此外，採用這種方式，有利於安定本公司人心，鼓勵人們努力工作，積極進取。現在下屬多採用此管道晉升。但你應注意務實創新，增加工作新氣氛，防止思想、工作方面的僵化。

外升式是指下屬向外發展，從本系統以外獲得晉升的方式。如由校長升為人事局長一職等。外部升補，選擇範圍廣，有利於因事求才、廣招賢良。但這種方式也有不足之處，由於對外補人員難以作全面、深刻的了解，因此可能會產生在使用上和配合上的困難。

「爬梯式」與「跳躍式」

晉升主體從基層工作做起，一步一步如爬梯般逐漸晉升到較高一級的職位上，叫「爬梯式」晉升。按這種方式，下級可以在不同類型和不同級別的職位上學習，積極全面、豐富他的工作經驗和技能，逐級晉升到較高能力，一旦升任到高一級職位，憑藉其長期工作經驗和對各種級別工作方法的熟悉而能迅速展開工作，打開局面。但「爬梯式」也往往因級別、時空限制，使具有較強能力的下級難以迅速施展才華，展示其人生價值。

所謂「跳躍式」指晉升主體躍過一系列的中間職級，從某一較低職位直接升到一個更高的職位上，同時獲得相對的權力、待遇和承擔相對的職責，如由廠長一步升到縣委一職。這種方式有利於迅速發揮下級的才能，但也易出現因不熟悉各級工作方式而不能打開局面，甚至因能力差會退下來的可能。下級究竟採取何種方式獲得晉升，一方面下級必須要充分了解

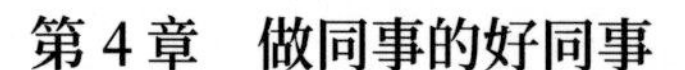

自己的實際能力，選擇最佳途徑；另一方面下級也要不斷擴展自己知識面，提升自身能力，為晉升或適應更高一級的職務創造有利條件，打下牢固的基礎。

三位晉升制與多路晉升制

職務晉升的路線，一般認為主要有兩種類型，即三位晉升制和多路晉升制。

三位晉升制的內容是：每一個工作人員在企業中都具有三種不同的地位：一是下級職位，即晉升以前的原職位；二是現任職位，即現在所擔任的職位；三是上級職位，即將來可能再晉升的職位。這樣，每個人就同時具有若干身分：對下級來說，是老師；對現職來說，是工作者；對上級來說，是學生。這樣，既培養了現任職位未來的繼承者，又了解和掌握了擔任上級職務應具有的技術與能力。但是，這種晉升路線限制了人員向多方面發展，因此它一般僅適用於採用直接式管理的公司。

多路晉升制的內容是：根據工作之間的縱橫關係，每一職位都有若干個發展方向，與若干可以晉升的職位連繫。例如：某科員可能升為科長，也可能升為主任科員或祕書及其他職務，沿著不同路線晉升。這種晉升方式不限制人的才能發展，可以根據人員的特長和興趣，為人們提供較多的晉升機會。與三位晉升制相比，多路晉升制非常靈活，富有彈性，但是，這種晉升方式專業化程度稍低。因此，它一般適用於採用職能制或直線一職能式管理的公司。

晉升的途徑

條條大路通羅馬。晉升的途徑也各有不同，但主要有以下六種：

上級任命

上級提拔任命是晉升的主要方式、主要管道，其他的許多晉升方式最終都是要透過上級的提拔任命得以最終實現的。

所謂上級提拔，一般來說，主要主管的個人意見有很大作用，但並不是全部決定性作用。

「上級提拔」這種主要晉升的途徑和方法的特點有：

- 具體任命和選拔權力，在提拔主管和官員中發揮重要作用的主管、主管班底、主管部門，對於選拔人才的標準掌握和理解程度如何、看人的眼光和角度、人才觀念和意識如何，在選拔和任命中有重要意義。
- 任何提拔選任的主管，都要受整個社會的制約，主要是受黨和國家方針政策的制約。其個人的主觀願望、主觀眼光和偏好常可以起很大作用，但是又不能有決定作用。
- 工作需要、職位空缺、任務繁重以及輿論的推動等等，使主管在用人方面產生迫切的願望，並且對他的用人眼光和標準、選拔的心態會有很大的影響。
- 晉升追求者在上級心目中的形象反映、地位如何十分重要，而在這些因素當中，晉升追求者和主管個人關係是否和諧又是最重要的。
- 晉升追求者的各種素養、表現、才能、能力等，只有化成能夠傳遞到決策上級那裡的有效資訊才能發揮作用。這種資訊的傳遞有一個時間的過程，有一個累積的過程，也有一個失真、過濾、變形、混雜的問題。因此，需要不斷強化和累積正面資訊，不斷淘汰和過濾負面資

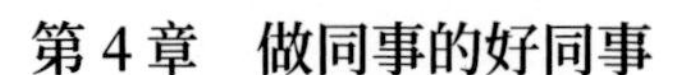

訊，以便使主管能夠有效地加深印象、掌握主流、去偽存真、正確地了解人才。

- 資訊傳遞管道廣泛，需要充分開發利用。例如：人事部門、業務部門、相關單位、業務客戶、群眾輿論、一般評價以及社會傳播媒介等等，都可以對晉升發揮影響，發揮作用。

由以上特點，我們可以看出：晉升追求者應該和上級保持良好的關係，應該主要以自己的工作業績和工作能力取得上級的信任、重視和欣賞。但是，又不能一味地討好上級，不顧其他。

民主選舉

選舉制度源遠流長，是一項展現民主的制度。從晉升者的角度來看，民主選舉身為一條重要管道和一種重要方式是不容忽視的。其主要特點如下：

- 民主選舉是主管決策的重要參考，也是主管發現人才、重視人才的一條重要管道。

  選舉出來的人有時和主管意圖完全吻合，有時和主管意圖基本吻合，有時則完全出乎意料，和主管原來的想法大相徑庭。但無論如何，都是一種重要的資訊傳遞，在資訊上達到強化、刺激、啟發、累積的作用。
- 民主選舉表現了對人才在更廣泛基礎上的檢驗，具有扎實性、廣泛性、基礎性的特色。同時，選舉是一種公平競爭，因而具有篩選性、淘汰性的特徵。因此，能夠在選舉中獲得多數票，無論對晉升起直接的決定作用還是間接的決定作用，都是一種重要的基礎。
- 在選舉中獲勝，需要塑造和傳播自己的形象，需要被選舉者所了解，因而橫向型、開放型的人物更有優勢。

- 任何選舉都有一定的選舉標準，然而，在民主選舉中，一個人是不是符合這種標準，只有轉化為選舉人的心理認可才真正奏效。因而，一個人是否能夠獲選，往往取決於他有沒有突出的政績，或者有沒有突出的成果、建樹，是不是經常在公益事業中積極活躍、廣泛參與，或者是否在為大眾服務、為眾人謀利益的活動中做出成績。這些方面往往顯得更為重要，更容易被群眾所發現和接受。
- 一個人的人格魅力、精神風貌、生活作風、人際關係以至於言行舉止等等，往往是影響大眾觀感、獲得印象分的重要因素。
- 在某些領域的選舉中，比如在一些社團的選舉中，或是在某些公司、企業的競選活動中，能不能拿得出具有真知灼見、實際可行、針對性強，並為大眾所喜愛、所接受的施政綱領是一個十分關鍵的環節。因而，參選者應該了解選民的利益、願望、需求和意向，使自己的見解和綱領充分代表民意。同時應該注意，使代表大眾的現實利益和長遠利益相結合，迎合民意和引導、啟發民意相結合。

毛遂自薦法

它是指國家某機關或社會組織的職位空缺或新增職位時，下級根據自己的能力主動「毛遂自薦」而獲得晉升的一種方法。

這種方法必須是在職位空缺時才有機會，而且還要經過有關專家對自薦者的知識、經驗、能力進行全面考核，核實自薦者確能適合新職位時才得以實現。因此，一方面下級要善於搜集資訊、把握機會，勇敢地、及時地推銷自己。另一方面，下級還要在實踐中不斷豐富自己的知識，累積經驗，提升自己的實際工作能力和管理能力，否則，即使抓住了時機僥倖晉升，但終因能力不濟，也難以成功。

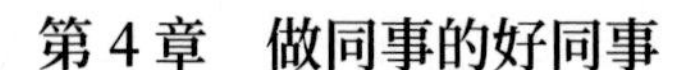

毛遂自薦法是一種積極有效的方法。它為大批有志之士獲得成功提供了有效途徑。

招聘錄用

透過實行公開招聘招徠人才，這種做法由於具有公開性，可以廣泛篩選，並且有非常明確的責任和權利義務關係，因此是很有生命力的。

招聘錄用制度是一種把責、權、利結合起來，並且加以明確規定的做法。透過應聘而獲得錄用和晉升的機會對於追求晉升者來說，是很有吸引力的。因為，它非常好地展現了公平競爭的原則，避免了繁瑣的手續，排除了複雜的關係，基本排除了主管個人的愛好、偏見、沒有盲目的依賴性。但是這種做法也有很大的局限性：

往往受到招聘公司在學歷、經歷、年齡等方面的限制。有的人明明有實際能力，但是由於學歷不夠就沒有應聘資格；也有的人基礎素養良好，但是由於沒有從事該項工作的專門經歷，也不在應聘之列。

同時，由於權利義務關係裡規定了一定的時間限制，在此期間不能夠中止合約的，因此應聘者應該慎重考慮、審時度勢，不能因只顧一處應聘而失落了其他機遇。

他薦晉升法

他薦晉升法往往是針對特殊情況而言的。比如：某項工作、某個職務或某個職位缺乏某一方面的特殊人才，而在選拔和選舉的範圍內一時難以發現這樣的人才，在這種情況下，使用他人推薦常常十分奏效。

被推薦者，應該具備有針對性的特殊專長。但是，在考察時，除了該項專長外，也要考察綜合條件和基本素養。

任何下級的晉升最終都要經過上級或上級機關審查任命而實現的。雖然上級對下級是以其實績和能力進行裁決的，但個人情感的因素也十分重要。就如和你在商店準備買 4K 大螢幕液晶電視，面對眾多可供選擇的型號你猶豫不決。如果這時你碰巧遇到你的一個可信賴的朋友，他說某某牌子液晶電視品質不錯，功能齊全，價廉物美，他買的就是這個牌子的液晶電視。你經過他的推薦，最後決定買這個牌子的液晶電視，這就是一個例證。

要透過他薦而獲得晉升成功的下級，首先要有自知之明，要認真分析自己的勢力以及能否具有擔任高一級職位的能力。其次，要主動出擊，尋找他薦人，最好是選擇對你的晉升將有重大影響的決策人，或與決策人有密切關係的上級作為你的引薦人。三要以自己卓越的才華、出色的成績和良好的人際關係贏得上級的賞識和信賴。

考試晉升法

考試晉升法是選擇人才、提拔人才的重要方法，也是下級主動獲得晉升與成功的一條重要途徑和方法。

第 5 章
捕捉與利用晉升的機會

機會即機遇，意指時機與際遇，是人們走向成功的必然切入點。所謂來得早不如來得巧，就是對機會的最好詮釋。

機會本身就包含了「隨機」的意思，它的出現是偶發性的，但也是必然之中的偶然。有心晉升者，只要透過仔細的分析、慎重的考慮以及積極的創造，良好的機會一定會展現在你面前。

機會是一個飄浮在空中的茶壺

機會是一個飄浮在空中的茶壺，它先是將壺把那頭讓你拿，如果你錯過了，它就會轉過身，將滾圓光溜的身子對準你 —— 這時你抓住它要大費周章；而一旦你再猶豫，它就會「呼」然墜地，碎成細片。

當機會這個飄浮在空中的茶壺將壺把對準你時，你一定要毫不猶豫地握住它，好好地把握。

春秋時，越國被吳國打敗。越王勾踐屈服求和，將心愛的人送給吳王夫差，自己回國臥薪嘗膽。而吳王夫差，此時則沉醉於歌舞女色，錯過徹底擊敗越王勾踐的機會。後來，被越王勾踐一舉擊敗，吳王夫差自殺身亡。

吳王夫差錯過時機，導致人死國亡的教訓是慘重、令人深思的。人們常說「機不可失，時不再來」。的確，機會對一個人來說是非常重要的，它很可能決定你的一生。正像歌德說的：「剎那間，便可決定你的一生。」因此，你必須留意你身邊的一切，哪怕是丁點小事也別錯過，其中可能就有帶給你的幸運之機。在你的生活中，你是否留意主管對你的一言一語，是否留意主管分派你的一事一行，請你珍惜它，這都是表現你的機會。要知道，你的一份報告、一席談話，甚至一次隨從外出……都是你向主管表現的機會。切莫小看這些平凡的事務，因為你的主管就是在這些事務中發現你的。

「幸運之神常前來敲門，但愚昧的人卻不知開門邀請。」很多人以為機會的來臨大概是敲鑼打鼓、披紅戴綠，來得不同凡響，其實不然。機會的最大特點就是悄悄來臨，稍縱即逝。就像古諺語說的，機會老人先給你送上祂的頭髮，如果你一下沒抓住，再抓就只能碰到祂的禿頭了。或者說祂先給你一個可以抓的瓶頸，你沒有及時抓住，再摸到的就是抓不住的圓瓶肚了。

可見，機會老人是好捉弄人的。你是否經常只「碰到祂的禿頭」？如果這樣，請你注意「及時行動」四個字。

機會是晉升的重要橋梁，如果不能把握住機會，你將永遠站在勝利的那一邊。

做一個「機會主義」者

做一個「機會主義」者，並不是要你成天坐等機會的降臨。常常有人長嘆：工作那麼久怎麼總是得不到晉升機會。其實要獲得晉升機會並不難，關鍵是你能否做到以下幾點：

上班不要發牢騷

當你有艱巨的工作任務時，應盡力去做好，不要滿腹牢騷，讓別人覺得你沒有能力應付這項工作，或覺得你根本不知從何做起。因為許多公司只會留意並晉升那些不嫌工作量多的人。

別讓主管等待在辦公室中

任何人都不要忘記主管的時間比你的更寶貴，當他給你一項工作指標時，這項工作比你手頭上的更重要。當你走近你的辦公桌，如果你正在與別人通話，讓主管等待，哪怕是短短的十幾秒，也是對主管欠尊重的表現。如果電話中是你的客戶，當然不能即時終止對話，但你需讓主管知道你已知道他在等你，例如給他使個眼色，用口型說出：「客戶」或寫張小便條給他。

助主管一臂之力

當公司要考慮發展大計的時候，正是你顯示才華的機會，如果你能花時間認真思考，提出一些頗有建設性的意見，主管自然會對你另眼相看，你被提升是預料中的事。

處事不驚

處事冷靜的人很多時候會有好處，並得到稱讚，主管、客戶甚至其他同事會對處事不驚的人另眼相看。如果時常保持鎮定，心理上可隨時對付難題，自信心也會增強，晉升的機會自然大增。另一方面，一個行為舉止閃縮和害羞的人，只會令人對其做事能力失去信心。處事不驚要講究個人的素養和多臨陣考驗，所以要勇於去處理突發的難題，處理多了，你的應急能力便會加強，當然那個時候你就會處事不驚了。

要有備用計畫

不要以為所有事都如你想的那般順利，無論何時都應作最壞打算。準備一個隨時可以實施的備用計畫，屆時就不會手忙腳亂。此外，當主管要你跟隨他出差辦公事，替他想想是否有遺漏的資料，而你自己也可考慮一下主攻的目標是什麼，他的實施方案是什麼。多準備一些應變的方案，供他參考，這種未雨綢繆的做法可以換來主管對你的讚賞和信任。

學會亡羊補牢

當一個重要的報告給客戶後，你突然發現了錯誤，這時你應該快速地了解情況，查明問題所在，並設法補救。若採取鴕鳥政策，期望問題消失，這只會令你更加狼狽。

面帶陽光

沒有人喜歡滿腹牢騷的人，而這樣的主管也只會讓下屬們士氣低落，他們只會轉投到令人振奮和積極的人麾下。要讓別人覺得自己重要，展示燦爛的一面，即使在自己情緒低落的時候，也別無精打采。

在會議中表現自己

如果情況允許，選擇會議室裡顯眼一點的位置，不要等待發言機會，因為這機會未必存在，要在適當的時機爭取發言。只說有事實根據的重點，省略不必要的枝節。避免說一些抽象或不切實際的話，例如：「我希望」、「我覺得」、「應該會」等等。

怎樣發現晉升機會

機會無處不在，關鍵在於你如何去發現，如何去挖掘。

身為下屬應學會慧眼識機會，如果對機會女神的來訪一無所知，失之交臂，終將悔之晚矣。俗話說：「通往失敗的路上處處是錯失了的機會。」

要發現機會，尋找機會。首先，要有開闊的胸懷、廣闊的視野，把眼光放在更廣闊的領域，而不是局限於某個狹小的範圍內或某個單純的管道上。其次，要善於分析，「撥開烏雲見太陽」。機會常常改裝打扮以問題面目出現，如對某一重要問題的解決本身就為某下級的晉升提供了良機。再次，要樂觀，不要僅看到眼前的問題，而要發現問題後面的機會。美國著名行為學家丹尼斯·魏特利（Denis Waitley, 1933-）博士說：「悲觀者只看見機會後面的問題，樂觀者卻看見問題後面的機會。」當然，發現機會是以主體自身的才能和努力為前提的。

華籍留學生小莫在美國某研究所就職，一天，室主任請他看一份規劃報告，準備小莫看後呈送所長，小莫看後認為：「這個報告不可行，如果依照它辦理，將會導致失敗。」他向所長大膽地談出這一看法，所長說：「既然他的不可行，那麼就請你拿一份可行的出來吧。」第二天他拿了一份報告呈遞所長，得到了所長的大力讚賞。一個月後，他就被提升為室主任，原主任因此而被解僱。在這個例子中，如果小莫不善於抓住向所長表現自己才能的機會，就很難得到所長的重用。

宋太宗時，朝廷發生了「潘楊之案」。「潘楊」指的是潘仁美與楊延昭，一個系開國功臣，堂堂國舅；一個是鎮邊大帥，世代忠良。這個案子在當時是一個燙手的山芋，誰也不敢去接，生怕一個不慎，輕者革職流放，重者凌遲處死、株連九族。

當時的晉陽縣縣令寇準卻發現這是一個升遷的好機會，他認為這個案子如果辦好，可望升為南太御史甚至宰相，官運亨通。於是寇準果斷地接下「潘揚之案」，並實事求是地公正決斷，深得上下的信任與賞識，終於升為宰相。

發現機會，有時也不能眼睜睜地盯住前門，還要注意後面的窗。另外，成功往往與冒險是一對孿生兄弟，如果不敢冒險、遇到困難繞著走，那困難背後的甘果也不會被你摘取，而你也只能平平庸庸地度過自己的一生。不入虎穴，焉得虎子，敢冒險的人不一定會成功，但成功的人很多都是因為他們冒過險。

怎樣爭取晉升機會

真正的成功者從不等待幸運女神來敲門，因為他們深知機會其實是自己爭取來的。「毛遂自薦」的故事對我們是深有啟發的，它之所以千古流傳為佳話，不僅在於毛遂有才、有智、有謀，主要還在於毛遂不守株待兔、坐等良機，而是利用自己的勇氣和膽量主動爭得了薦才、顯才的機會。下級欲晉升成功切不可一味等待伯樂上門視才，而要主動爭取施展才華的機會，即使伯樂上門相才，也須以有人顯露才華的跡象為依據，才能相中。

要搶著做最熱門和主管最關心的工作

所謂熱門工作，是指切中社會熱門，被主管和本公司同事們普遍看重，對社會進步和經濟發展至關重要的工作。

比如：部門的主管選拔，計畫部門的專案審核工作等。通常，熱門工作是由關鍵職位的人員來做的。

但是，在一些特殊的情況下，關鍵部門不一定能做上熱門工作，非關鍵部門也可以把熱門工作拿到手。

公司的具體工作非常多。這些工作並不一定都是主管所關心的，主管最關心的是那些關係到全面利益的較急、較難、較重的工作任務。

如果我們能以敏銳的觀察力理解一個時期內主管的工作思路，以自己的最大才智和幹勁把主管目前最關心的事情辦好，那麼，無論在業績上還是上下級關係上，都能獲得事半功倍的效果。

要爭取彙報成績的機會

某局有兩位處長：老李和小王，老李分管的是一個「大」處，事務較多，小王分管的是一個「小」處，事務相對輕閒，兩人的工作都十分出色。

局裡每個月都要派老李和小王向主管進行例行的工作彙報。老李是個務實派，對此類「嘴皮子上的功夫」不太注重，經常在彙報前準備不足，甚至有時因工作上的事而遲到片刻，所以老李的彙報總是被主管的祕書安排在最後。每次等到老李發言，主管不是哈欠連天就是不停地看錶，催促他「簡單一點，快點說！」

小王對於彙報的態度則與老李有天壤之別：他每次彙報都預先打好草稿，並將要點記在紙上，以免遺忘。他每次都要求第一個彙報。在彙報過程中，他不但談自己的工作，還要把處裡的好人好事表揚一番。

一年後，該局的局長另調它處，局長位置出現空缺。經過主管的研究，決定由小王升任局長。

下屬想要獲得晉升機會，要把工作做好外，還要善於彙報成績，讓主管了解你。

怎樣增加晉升機會

掘金要選一個大金礦，晉升也要選擇一個合適的公司、合適的部門、合適的主管、合適的同事……

選擇合適的公司

正如員工個人一樣，每家公司都有自己的「氣質」。有的凡事推託，做事效率慢；有的則是以賽車的速度前進；有的公司標榜傳統；有的卻喜歡標新立異，不按常理出牌。

要是可能的話，盡量選公司文化和自己的個性相投者。假如你是個不拘小節的人，在大公司或大銀行做事，一定不能順心，因為你必須穿得無懈可擊，而且嚴守公司的規定。所以，最好找一家完全不規定員工服裝的公司，像矽谷的大公司認為，規定員工的著裝簡直是在浪費時間。有些激進的公司甚至不反對他們的程式設計師穿著浴袍上班，他們唯一在意的是員工能否把工作做好。因此，現在有許多公司都擬定了彈性上下班時間，甚至工作地點也能隨心所欲。他們只希望員工能如期完成工作，其他的一概自由。然而，還是有許多傳統的公司執著於嚴謹的紀律規範，以及分明的等級制度。如果你想和高級主管商談，一定得先打個電話安排時間，隨意進出他的辦公室是絕對不允許的。

只有選擇了與你自己「氣質」相似的公司，你才能較快地得到主管及同事的承認。但萬一你進入了一家與你「氣質」不同的公司，如果你仍存在晉升的奢望的話，出路只有一條：努力迎合公司的「氣質」。

選擇提拔機會較多的部門

在公司部門的選擇上，應該選擇到那些升遷機會較多的部門工作。例如：過去宣傳部門提拔了不少的主管。後來，科技部門、人事部門出了不少優秀的人才，因為這兩個部門選人的起點都很高，平庸之輩通常是進不來的。近幾年，經濟越來越受到人們的重視，是值得爭取的一個部門。

選擇主管

對於同時走上工作職位的大學生來說，他們的起點基本一樣。但是幾年之後，他們在職務的晉升上拉開了距離。有的晉升得快，有的晉升得慢，有的沒有得到晉升。晉升得快的人在談起他們的進步時，就要把主管的幫助和提攜放在首位。晉升得慢的人，也往往對自己的主管流露出一種哀怨的情緒。所以，選對主管對獲得晉升是十分重要的。

一般來說，主管是不能由自己選擇的。但是，你可以創造條件去接近心目中認定的非常理想的主管，並疏遠那些不理想的主管。

選擇主管時，不僅需要看主管的中心思想、他們對部下的關心程度及提攜部下的能力等，還要看你自己的意願和想法以及你的興趣。有一些人在工作中追求的是職務的晉升，有的則是追求非常安定的環境，有的是追求非常高的經濟收入，還有的是為了事業的充實，也有的是圖名聲。目的的不同，對主管的要求不同，選擇主管的標準當然就不一樣。在這裡，提供幾種類型的主管供不同目的的人來選擇。

第一種是年輕有為者，才華學識都在平常人之上，在前程上被人普遍看好的主管。這些人積極上進，對群體榮譽看得很重。跟著這種主管做，除了受累，在個人利益方面可能什麼也得不到。但是，一旦他們被提升，不僅會幫你空出位置，而且還有利於你今後的發展。一方面，他日益增大的權力更有利於對你的提攜；另一方面，他的積極奮進的鬥志和由此帶來的成功對你的晉升非常有利。

選擇同事

在選擇你的同事時，應該選擇心地善良，水準比你稍低的人為好。心地善良的人比較不會加害於你，不會在你提升的關鍵時刻暗算你，讓你栽跟斗。水準低一些可以保持他們對你的尊敬和信服，顯示你的高明之處。如果你選擇的同事處處比你強，而且又具有強烈的晉升欲望和競爭性，那麼，在他們沒有得到提拔之前，你就得永遠步其後塵。倘若你要越過他去，則是極其困難的。如果你們水準相當，而且誰也不想相讓，最後的結果必然是兩敗俱傷。在人才流動中，不少人願意從大城市、大機關、大企業等高層次部門向鄉鎮、區街等基層部門流動，其原因在於避開強者之間的競爭，尋找發展自己才能的機遇。

怎樣創造晉升機會

有沒有機會，關鍵在於主觀。機會不可能無緣無故地從天而降，機會也不可能像路標一樣，就在前面靜靜地等著你。機會具有隱蔽性，它是隱藏著的；機會具有潛在性，它等待著開發；機會具有選擇性，它只垂青那些在追求中、在動態中、在捕捉中的人。

這裡有一點十分關鍵。你是被動、消極地等待機會，還是主動地去追求？等待機會不像是等待火車，時間到火車就來，而要看你等待機會的狀況如何。是不是碰上了機會，是不是捉住了機會，是不是錯失了機會，是不是再也沒有機會，這些都是一種現象。而實質問題在於你是否在認真地準備著、在刻意地追求著。有許多人看起來好像沒有機會，沒有前途，但是偏偏就有一天發生了轉折，他們獲得了機會。其實，許多成功者都有這樣一種經歷和體驗。

愚者錯過機會，弱者等待機會，智者把握機會，強者創造機會。

身為強者的你，只要小心慎重地播下創造機會的種子，就有可能收穫機會。你不妨悄悄地散播下列傳言：

傳言一：「他被很多獵頭公司覷見」

這就如俗語說的那樣：「瘦田沒人耕，耕開有人爭」，如果你被另一家公司垂青，身價自然倍升。你只須對同事簡單地說：「我接到某某公司某先生的電話，你認識他嗎？」對方自然會問你關於某公司的事，你可以照實直說出來。

假如沒有其他公司向你垂青又怎樣辦？那你可盡量增加與其他公司的朋友或工作夥伴的約會。就算只是吃午餐，也別忘記悉心的打扮，這樣便像是「獵頭」的對象了。

傳言二：「他認識很多權威人士」

你要是希望在行業內扶搖直上，你應了解公司的高層，以及這行業來自世界各地的權威人士。

這並不代表你要與那些重要人物約會，你可以多閱讀行內的雜誌，使自己熟悉他們。然後便可與同事提及這些重要人物的背景和軼事，在適當的時機使可接觸這些人物，別忘記把握讚賞主管的機會。在旁人眼中，是不易分辨你和這些重要人物的關係是否密切的，最重要的是你與重要人物的名字扯在一起，成為辦公室中的話題。

下一步是懂得挑選合適的時機和態度，如果你常常提及那些重要人物，很可能被人識破，甚至覺得你很討厭。所以要注意讓別人覺得你是謙虛的，例如指出能和某某先生合作真是幸運，並能從他身上學到很多東西。當編輯的阿傑就曾在一次見習面試時提及他與著名的某某編輯共事，令他得到寶貴的經驗。而事實上，他只是實習編輯，而與某某先生的接觸只是為他端咖啡而已，但阿傑終於獲聘。

傳言三：「他是多才多藝的」

當別人知道你有多方面的才藝，會覺得你是一個全能的人。例如在美術、運動、社會服務方面的表現可塑造你的形象，使你成為一個創作力豐富、專注和有愛心的人。

25 歲的助理編導王曉莉在音樂方面很有造詣，這也為她帶來更多工作機會。當她的主管聽到她的樂隊將會彩排時，便對她表示稍後將邀請她為表演嘉賓。

你也可以將你的作品展示於辦公室，以引起別人的注意，如果你夠幸運的話，這可能是公司高層與你展開對話的機會。謹記同事可能要求你即席揮毫，這便要有心理準備了。切忌讓娛樂影響你的工作，這會令主管不滿的。

第6章
在晉升競爭中脫穎而出

乾隆與風流才子紀曉嵐夜遊太湖，見太湖上船來船往，好不熱鬧。乾隆欲難倒號稱「江南第一才子」的紀曉嵐，便出了一道題，問紀曉嵐：湖上有多少條船？

紀曉嵐知道乾隆的心思，略一沉思，脫口而出：兩條。

乾隆好奇地問：為什麼是兩條呢？

紀曉嵐回答：天下熙熙，皆為「名」來；天下攘攘，皆為「利往」。這太湖之中，僅有「名、利」兩船艘。

紀曉嵐的話令乾隆心服口服。

應該承認，職場的晉升競爭是一種建立在實現自我價值基礎上的名利之爭。在人類社會幾千年的歷史發展長河中，名利之鞭一直是驅策大多數人奮力進取的一個推進器。

在這個能者上、無能者下的公平競爭的社會裡，能者不上就間接製造了令無能者上的機會，這種行為小而言之有損群體利益，大而言之則有礙社會的進步。

晉升是人生價值的展現

有句古話：「人往高處走，水向低處流。」一個願意為社會做出許多貢獻的人，往往想追求權力，追求晉升，這本身並沒有錯，無可非議。在公司中，如果有晉升的機會，看準了，千萬別錯過。

一般來說，權力和地位的大小與一個人價值展現程度是成正比的。當然，也有的人權力很大，卻大而無功；地位很高，卻高而無德。甚至有些人權力越大，地位越高，對社會越有害。然而，對於這些人來說，他們的價值也得到了社會的檢驗，也得到了一定的展現，只不過他的價值是低劣的，或說是負價值。

晉升是具有誘惑性的，因為——

第一，晉升意味著人際關係的擴展。權力的大小和交際面的大小往往是成正比的。假如你是一個一般的基層人員，和你合作業務連繫的人是有層級限制的，而且往往你是主動的，對方是被動的。而一旦你掌握了一定的權力，交際面立刻就擴展了，而且你是被動的，對方是主動的。

權力升遷，對於擴大交際面有必然性，但對於能不能保持提升交際的層次，卻並沒有必然性。這就要看掌權者的人格、風度、魅力和凝聚力如何。

讓你把拓展人際關係，強化自己在社會中的凝聚力、感染力、影響力身為一項追求，寫在自己晉升追求的目標中時，無疑有助於增強動力，調整步驟，掌握方法。

打開權力人物的史冊，我們看到，古往今來的大政治家都是高朋滿座，門庭若市。「談笑有鴻儒，往來無白丁」，就是這種廣泛來往的風度和能力的生動寫照。

不斷晉升，會遇到人際關係方面不斷擴展的新問題。可以說，升遷的道路就是擴展人際關係的道路。以直接來往關係帶動間接來往關係，以個人來往增強權力影響力和工作效率，是一種高超的藝術，也是對每個追求晉升者提出的要求。

第二，晉升意味著更大發展的轉機。往往有這種情況：對一個人來說，失去了一次晉升的機會，就可能永遠不會再晉升；而獲得了一次晉升機會，卻可能連連晉升。這是因為晉升意味著更大發展的轉機。

一個人在與其他人平起平坐的競爭中嶄露頭角，往往可能更困難一些。而一旦獲得了晉升的機會也就獲得了充分施展、表現，被人發現和重視的機會；同時也獲得了在更大的範圍內和更高層次上去經常鍛鍊、獲得

知識、接受檢驗的機會。

晉升之所以值得追求，其意義正是在於它的連續性、轉機性和對未來前途的啟動性、擴展性。試想，如果你知道一次晉升就是終點，那麼，它還會有多大的吸引力呢？

同時，晉升一次就等於受到了一次社會的承認和接受，也表明了對自己的一次肯定，因而有利於自信心的增強。

當然，晉升之途對於每個人來說是長短不一的，並不是對每個人來說都是無限長的。是終點還是起點，關鍵在自己。但每次晉升從客觀上來說，是為一個人提供了更為廣闊的舞臺。他只要能在這個舞臺上做出出色的表演，就能由此轉移到更新、更大的舞臺。

我們說，晉升意味著職場價值的展現，並不是權力、地位本身就是人生價值的標竿。而是說，有了一定的權力和地位，展現你的人生價值的機會就越多，條件也就越好。當你到了一定的位置上時，你就受到更多人的關心，而且要回答許多人對你的期望和要求。一般來說，位置越高的人，人們對他的期望值也就越高。當他能較好地滿足這種期望值時，他的人生價值無疑就得到了更好的展現。

摸清主管對自己的看法

競爭職位不能打無把握之仗。因此，在參與晉升角逐之前，有必要摸清主管對自己的看法，以便找到晉升的門路。要做到這一點，你應明確以下幾方面：

- **你公司的主管賞識你嗎**：如果你部門裡的主管或總經理了解不到你的出色業績，你的業績再出色也沒用，因為你的業績別人看不見，怎會提拔重用你呢？

不要單方面以為：只要表現好、工作好，就遲早會傳到公司老闆的耳中。現實中的情況往往並不是這樣。俗話說「好事不出門，壞事傳千里」，你工作做得非常出色這件事，可能別人根本不知道。所以，你應該設法讓主管了解你，了解你所做的工作，給他們留下一個工作做得好的印象。主管往往把這樣的人看做是能夠獨當一面的優秀人才。

- **你和上級關係怎樣**：在公司你是否能晉升，不僅要看你的能力和成績，還應看你和主管的關係熟不熟。你不妨問一下自己：你和主管吃過幾次飯？主管記不記得你這個人？如果沒有，就要多創造機會讓主管發現你、了解你，並賞識你。
- **你有後臺嗎**：一般提升較快的人除了有出色的成績外，更為重要的是有後臺，有的人成績平平，但晉升得很快，這可能就是他有個大老闆做後臺。

  同時你也要注意你的競爭對手的後臺是否比你更硬？如果比你的後臺更硬，你的晉升機會可能被他所取代，這時你就應找更大的靠山。
- **你會威脅你的主管嗎**：如果你的才能超過你主管，可能會對你主管的地位構成威脅時，你主管肯定會阻礙你的晉升，處處打擊、排擠你。你的主管一旦產生這種想法，就難以改變了。你越有才華，他就越認為你會頂替、超過他，他就越阻礙你的晉升。
- **你的主管是不是搶了你的功**：一般有才華的下屬對主管都是一種威脅，有的主管排擠你也就罷了，更可恨的是有的主管搶了你的功還要整你。這時，你就應該正式地和他談談，也許他會有所收斂。但最可能的是引來他更大的嫉恨，這種情況下，你最好調離。
- **你參與了多少核心專案**：參加核心專案，你可以與高階主管接觸，並能讓他們發現你的才幹，對你的提升至關重要，如果你在這方面是空白，那你就前途坎坷了。

- **你的直接上級是否重視你的業績**：如果你的主管沒有宣揚過你的出色業績，那他可能是存心壓制你，你就應該向高層主管顯示你的才華，如果這樣還是行不通，你就應另攀高枝了。
- **你最近有沒有擔負較重的責任**：如果你最近被安排單獨負責一個部門，一項工作，你就有可能得到提升了，而如果你沒有這樣的機會，你提升的希望就很小。
- **你最近是否有決定撥款的權利**：在公司裡，檢驗你權力大小的尺度之一就是你在撥款上有多大的權利。

如果你的公司較大，你的權力休現在你能批多少款；如果你的公司較小，你的權力展現在你能決定如何使用資金上。

瞄準有利職位

在企業裡，最有利的地位是什麼？最不利的地位是什麼？

職位也不是固定不變的，它與某人某事與其他人、其他事的關係如何？

我們在這裡談的地位是具有優越性的職位，大體可分為以下幾種：

- **人事部經理——豐又力的中樞**：人事經理可以負責許多事，查驗薪水的調升、醫療保險的給付；負責公司的招聘；決定誰將填補新職位或空缺職位；核定所有員工的薪資。
- **會計部經理——公司的「財政部長」**：會計部經理給人的印象好像是太摳、吝嗇，所以人緣一般不好，但他擁有財政大權：

- 可以決定誰的發票免查、誰的發票要清查；
- 可以決定你出差時的各種費用的金額多少；
- 可以決定誰該擁有公司的信用卡。

◆ **供應部經理 —— 不貪汙的話，很容易晉升**：供應部經理相當於公司的「後勤部長」，他對公司中的消耗品、公共設施、原料都必須應付自如，也可以使同事們的需求得到滿足，因此人緣頗佳，較易被提升。

◆ **會計科長 —— 「財政部長」的辦公室主任**：會計科長直屬於會計部經理，是會計部經理的祕書，所以他手中的權力也是炙手可熱的。

◆ 例如：他可以透過財政數字的改動來滿足一個同事的要求，實現一個同事的願望，也可以使某個同事的計畫落空，他還可以決定經費優先批給誰等。

◆ **企劃部經理 —— 公司的「宣傳部長」**：如果有人想成名，就需要新聞的宣傳。公司的宣傳大權就在企劃部經理手中，他可以決定你的業績宣揚的大小程度，也可以搞「臭」你；他可以代業務部作幻燈片和影片；可以受行銷部之託做市場分析表，還可以與其他各部保持連繫。

◆ **資訊部經理 —— 回報較多**：資訊部的任務較多，而一般來說人手較少，有些人認為是有職無權的主管。但你不應氣餒，你應好好地利用這個職位。比方說公司中薪水的計算、專案數位化、官網設計、手機APP、工業統計的程式化會在資訊部的辦公桌上，你可以利用資訊部工作量多、人手少，向上級請求批准增加人手，人手增加了，你的權力也就大了。

◆ **總務部經理 —— 雖較邊緣，但大權在握**：總務部經理很容易得罪同事，在主管眼裡並不起眼，但這個職位卻是一個權力中樞，他有權決定誰將有間寬敞明亮的辦公室，誰將能分到幾層的樓房。

上面提到的職位都是公司的權利中樞，也許職務會因公司不同而不同，但你必須先弄清楚你所在的部門的性質和許可權，然後非常一下與其他部門的優缺點，然後再做出對策，使自己能進入最有前途的部門，然後再設法讓你的下屬、同事擁戴你。

順應不同的晉升方式

除貴人相助式的上級提拔任命與毛遂自薦式的自薦方式外，還有其他的晉升方式，如：選舉、民調、輿論、招聘、推薦等等。這些不同的晉升方式，其要求的側重點都不同，晉升者需學會順應它。

指望群眾選舉，要謀求創造良好的聲譽

現在群眾選舉已越來越普遍，對個人的晉升也越來越重要了。選舉對一個人的提拔有幾方面影響：

- 群眾選舉是證明一個人的威信大小的證據。
- 群眾選舉是在廣泛的基礎上對人才的檢驗，有一定的真實性，也有篩選性、競爭性。因此，要爭取多數選票，才能順利晉升。
- 在選舉中要塑造好自己的形象，開放的人較受歡迎。
- 選舉的標準是一個人的能力、成績、人緣、為群眾謀利益的積極性如何等等各方面。
- 生活作風、群眾關係、精神風貌、人品也是獲得選票的重要因素。
- 制定一個全面、具體、可行、針對性強、有創意的施政綱領至關重要，所以，想以此為晉升突破口的人平時要深入群眾，了解群眾的呼聲和利益。

寄望於民調，要謀求樹立良好的形象

民調是上級任命選擇人才的重要參考資料，因此必須了解民調特點：

- 民調是對被選舉者的初步檢驗，是重要的回饋資訊。被選舉人可以根據這種回饋資訊對自己做適當的調整。
- 民調是非正式的，其參與價值有限，也不必過於注重它的結果。
- 民調主觀性強，不太正規。

指望輿論推動，要謀求在能力和政績上勝人一籌

輿論對一個人的晉升有至關重要的作用，一個晉升的追求者要用自己的政績、能力、言行來影響輿論。

切記要掌握輿論的和諧和自然，因為輿論起正面作用時，是非常緩慢的，為爭取輿論而用一些拙劣、虛偽的手段是很蠢的。因為輿論有一定的時間性、敏感性和易變性，如果你想讓輿論一下子把你捧上天，那麼輿論的謊言一旦被揭穿，你會被摔得很慘。

輿論如與主管意圖一致時效果較好，而輿論與主管意圖不一致時，就要具體分析一下。主管考慮一個人的晉升時，還要考慮一個人是否真正有能力、有業績，而且主管考慮的要比輿論多一些。如果這個人輿論影響好，但能力差，也不會被提拔的。如果輿論對一個人宣傳得太過度、太突出，也不會讓主管喜歡的。

因此，不可過度突出和個人英雄主義，同時也不要玩弄、欺騙輿論。

指望考試錄用，要謀求在水準上出類拔萃

透過考試方式擇優錄用人才的方法現在已十分普遍，這也給人才更多地顯露自己、走向成功提供了機會。

考試錄用一般有公開性、競爭性、直接性的特點。因此，晉升追求者用投機的方式是不太可能成功的，要取得成功，自己的長期儲備、綜合素養和個人素養以及實踐經驗都應有一定的累積。

考試錄用人才通常不是直接錄用，還要透過選舉和委任來錄用，一般主要是專業技術人員中的管理者、總經理祕書、助理等等。

考試對晉升追求者也有不足之處，如有的人能力強，但不一定善於考試；有的人考試成績好，但不一定能在工作中表現出色，所以許多公司採用考試、聘任相結合的辦法。在考試通過後，再進行一段時間的實際考察，看是否勝任，再決定是否錄用。

- 考試不能靠突擊，臨時抱佛腳作用不大。
- 基礎扎實，素養較高的人也應注意在考前了解考試的題型、出題規律，同時還應注意考試的心態。
- 要重視考試，不能迴避、敷衍考試。

指望推薦委任，要謀求在人情關係上有所突破

推薦是推薦委任的關鍵，一般推薦有幾種：公司推薦、群眾推薦、側面推薦。前兩種是下級向上級的系統推薦，後一種推薦則是了解某人的公司或個人向被推薦者上級或向一個新的公司推薦。上級根據推薦進行考察合格後方可委任。

推薦人才往往根據工作的特殊需求，如某個職位、某項工作、某項職務缺乏某方面的專業人才，而選擇、選舉中暫時又難以發現這方面的人才，就只有透過推薦。被推薦的人也具有某方面的特長，當然考察時還要考察這個人的綜合素養和基本素養。

在當今社會中，由於人才機制的改革和人才流動政策的實施，側面推

薦越來越重要。跨公司、跨行業、跨部門、跨地區的人才流動，都需要側面推薦。如要較好地利用側面推薦，就需和推薦者做好關係，當然還要注意資訊流通，使自己的才能被推薦者發現，因為一般推薦的人比被推薦的人了解情況更為全面、深刻。

寄望於招聘錄用，要謀求學識、經驗上的優勢

當今社會，公開招聘錄用人才已越來越普遍，你有必要了解其步驟：

- 在招聘公司公開刊登的招聘廣告中，對招聘工作的性質、業務範圍和應聘人才的學歷、資歷、業務、年齡等方面都有一定的要求，同時還寫出服務地點、時間、錄用程序及被錄用後的待遇和權利。
- 考核。應聘者先向招聘公司提出申請，然後交上自己的履歷（包括學歷影本、資歷證明、在校成績、良民證、業績證明、相關證照、相關作品等），再參加筆試、面試，考試一般包括基礎知識和業務知識。
- 根據考試成績篩選，一般透過招聘小組進行討論，有時還有複試，最後確定被錄用者。
- 被錄用的人與招聘公司簽合約。合約內容包括職務責任、工作要求、工作條件、待遇和任用期限。合約有關法律效力必須經過雙方簽字蓋章和律師的認可，雙方如對對方不滿意，均可終止合約。

招聘錄用展現了公平競爭，排除了後臺、主管個人的愛憎好惡、偏見等不公平競爭因素，但也有局限性，有的人學歷高，但沒有這方面的工作資歷，就不能參加應聘；有的人業務能力強，但學歷不夠，也被排除在應聘行列之外。

應注意：由於合約規定的權利、義務在一定時期內有法律效力，在此期間不能終止合約，所以要慎重考慮才能下決定。

活用各種晉升方法

晉升方法林林總總，非常之多，其主要常用的有效方法如下：

敲山震虎法

最典型的辦法是「敲山震虎」法，拿一張別的公司聘書來跟你的老闆攤牌：「不讓我晉升我就走。」如果公司真的需要你，就不得不考慮重用你。不過，在使出這一招殺手鐧的時候，你可得有十足的心理準備，騎虎難下時，你可能真的隨時得走。敲山震虎、挾外自重常是很有效的方法，可也是很危險的牌。

你必須很清楚自己手上有什麼籌碼，知道主管要什麼才行。須知，稍一不慎反而要吃大虧了。此外，你跟主管攤牌的方式也大有講究。如果你當真拿著外面的聘書，大搖大擺地走進主管辦公室，朝桌上一扔，直截了當地說：「你不幫我加薪，我就走人。」十之八九，你就只有走人一條途徑了。主管是不會輕易接受這種威脅的，你必定要按照一套非常客觀的升遷和加薪的方法來行事。你如果要打你自己的牌，非得採取非常婉轉適宜的方法不可。

借梯上樓法

一個人在事業上要想獲得晉升，除了靠自己的努力奮鬥外，有時還要借助他人的力量才能扶搖直上。一般來說，無論引薦者的名望大小，地位高低，只要對你的成功有所幫助，他就是你登上高處的好榜樣，他的威信和影響對你都有用處。

先抑後揚法

這種方法是在晉升前先放下身分和架子，甚至讓別人看低自己，然後尋找機會全面地展示自己的才華，讓別人一次又一次地對自己刮目相看，使自己的形象慢慢變得高大起來。

向主管提出晉升要求

晉升的機會來了，各種小道消息在公司蔓延。那麼，在面臨這樣的機會時，蠢蠢欲動的你要不要主動地找主管反映自己的願望，提出自己的要求呢？這常常是人們為之而苦惱的事情。因為，如果我們自己不去要求，很可能就會失去機會；而如果我們去要求，又擔心主管會認為自己過於自私，爭名奪利，究竟該如何辦呢？

其實，實事求是地向主管反映情況，提出自己的渴望和要求，絕不屬於自私和爭利的範疇，而且是十分正當的。在平等的機會面前，我們每個人都有權利去獲得自己應該得到的東西。而且，身為主管來說，由於其時間和精力的有限性，不可能完全了解每個人的情況，有時也可能會被一些表面現象所障目，以至於犯片面性的錯誤。既然如此，我們自己為什麼不可以主動地幫助主管了解情況，以便他做出更為公允和明智的決定呢？相反，如果你不去反映情況，則只能是自己對不起自己了。

然而，在這裡，也應該注意一個問題。眾所周知，每一次的晉級名額常常是非常有限的，僧多粥少不可能人人有份。在這種情況下，你如果要向主管主動提出要求，最好事先作一番調查，看看這次指標數究竟是多少，並就部門的各個人選作一番排隊分析。如果說自己的條件很有可能入選，或者說有一定的機會，但存在著競爭，這樣，你便可以、而且應該去

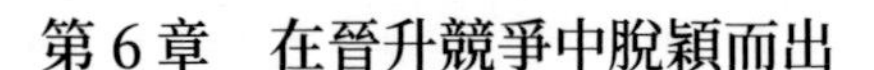

向主管提出要求。如果排隊下來的結果自己的希望十分渺茫，那麼，趁早自己放棄。因為在這種情況下你再主動要求，再爭，實現的可能性也是很小的，而且主管會認為你太過度，不明智，你不如韜光養晦，苦心修練。

向主管提出晉升要求，須掌握一定的方式方法：

不能過度謙讓

《聖經》中有這樣一則故事：有位先生仙逝後欲進入天堂去享受榮華富貴，於是就去排隊領取進入天堂的通行證。由於他不善於競爭，後面的人來了直接插在他前面，他卻保持沉默，絲毫沒有任何反抗或不滿，就這樣等了若干年，他仍站在隊的末尾，始終未得到他想得到的東西。

這個故事對我們深有啟發。人世間處處充滿著競爭，就社會來講，有經濟、教育、科技的競爭，有就業、入學，甚至養老的競爭。就晉升來講也不例外，在通向金字塔頂的道路上，每一步都是競爭的足跡。對於同一職位覬覦者不止你一個。因此當你了解到某一職位或更高職位出現空缺而自己完全有能力勝任這一職位時，保持沉默決非良策，而是要學會爭取，主動出擊，把自己的想法或請求告訴上級，往往能使你如願以償。戰國時期趙國的毛遂、秦時的甘羅已為我們提供了最好的證明。特別是上級已指定的候選人，而這位候選人在各方面條件都不如你時，更應該積極主動爭取，過度的謙讓只會失去你的晉升之路。

身為下級，向主管提出請求時應講究方式，不能簡單化。宜明則明，宜暗則暗，宜迂則迂，這要根據你主管的性格、你與主管以及同事的關係、別人對你的評價等因素來定。

預先提醒上級

在正式提出問題和上級討論之前，做出一兩個暗示，表明你正在考慮這件事，這樣就不會在你和他正式談及此事的時候發現他毫無準備了。你可能認為這只會給他時間搜羅理由拒絕你的要求，但是請記住，你的目的並不在於要去贏得一場辯論，而是要使上級確認給予你提升是出於對大局利益的考慮。假如上級有所保留的話，你應該了解其中原因（在了解以後，你也許會發現，你選擇了錯誤的職業，或是這家公司並不適合於你）。

選擇適當時機

通常，應該在上級情緒好的時候這樣做。如果他的愉快是由於你的業績引起的，那就更妙了。選擇時間非常重要，把你的要求身為工作日的第一份報告呈交給上級往往很難奏效。

用事實證明你的業績

與其告訴上級你工作是多麼努力，不如告訴他你究竟做了些什麼。可以試著用一些具體的數字，尤其是百分比來證明你的實績；同時，要避免用描述性的形容詞或副詞。比如：不要說：「我和某某公司做成了一筆生意。」而說：「我與某某公司做成一筆 ×× 萬元的生意。」這也就是說，盡可能地讓事實替你說話。

最好的方法是簡單地寫一份報告給主管，總結一下你的工作。如果你這麼做，白紙黑字，數量詳盡，就使他能及時了解你的業績，而且日後也能查閱，同時，也就用不著去說那番聽起來使人覺得你自吹自擂的話了。

向上級指明提拔你的好處

不可否認，這並非是那麼容易做的，因為你是申請人，上級則是決策者，而有關你各方面的資料又有限，因而是否滿足你的請求需要考慮。然而，如果更仔細地想想，還可以拿出理由，說明你所期望的提升對於授予者也不無裨益。

假如要謀求提升，還可以指出權力的擴大會使你為上級完成更多的工作，更有效的處理你手頭上的事情，而如果想得到加薪或別的要求，那麼你可以告訴他，這樣能讓別人了解到出色的工作是會得到獎賞的。要使人信服地認可你的提升會使他得到好處，你確實需要動一番腦筋，但是努力多半是不會白費的。

不要要脅

下級的要求一旦遭到拒絕，轉而用離職或不辭而別來要脅主管的做法往往會引起上級的不滿。縱然上級屈服於威脅了，上下級關係卻失去了信任感，而要使信任感恢復原狀，即使可能，也是十分艱難的。

尋找貴人相助

在職場晉升的過程中，貴人相助往往是不可缺少的一環。有了貴人，不僅能縮短晉升的時間，還能壯大你晉升的籌碼。

有句話說「七分努力，三分機運」，我們一直相信「愛拚才會贏」，但偏偏有些人是拚了也不見得贏，關鍵可能就在於缺少貴人相助。在攀爬事業高峰的過程中，貴人相助往往是不可缺少的一環，有了貴人，不僅能替你加分，還能壯大你的籌碼。

「貴人」可能是指某位居高位的人，也可能是指令你心儀及欲仿效的對象，他們無論在經驗、專長、知識、技能等各方面都比你勝出一籌。因此，他們也許是業界的領頭羊，或者是領導品牌。

香港某雜誌曾經針對香港的上班族做過一份調查，結果在所有受訪者中，有 70% 的人表示有被貴人提拔的經歷。而且，年齡越大，曾受提拔的比例越高，尤其是 50 歲以上的受訪者，幾乎每個人都曾經遇到過貴人。

該雜誌同時指出，一般人遇到貴人的黃金階段，大都集中在 20 ～ 30 歲這段時間，主要原因是，這是一個人一生中的事業關鍵期。

這份報告證明，有貴人相助，的確對事業有助益。受訪者中，凡是做到中、高階以上的主管，有 90% 都受過栽培；至於做到總經理的，有 80% 遇過貴人；自行創業當老闆的，竟然百分之百全部都曾被人提拔。

不論在哪一種行業，「老馬帶路」向來是傳統的成功捷徑。這些例子，在運動界、演藝界、政界頗多。

運動界的人，披掛上陣的時間非常短，常常年紀不大就退下陣來，在幕後做些運籌帷幄的工作，同時也負責調教後起之輩。如日本相撲選手，新人向來被指派為老手服務。為師傅做服務，目的就是想透過前輩來提升自己。

至於音樂界的例子，已故大指揮家伯李奧納德·伯恩斯坦（Leonard Bernstein），本身是從紐約愛樂交響樂團助理指揮的位置做起，他因受到栽培而聲名大噪，直到他接掌樂團指揮之後，便將助理指揮的職位專門保留，作為造就人才之用。後來，紐約愛樂果真培養出一批明星指揮家，如小澤征爾、阿巴多、湯瑪斯、德·瓦爾特等傑出人才。

雖然說貴人相助對於晉升有很重要的作用，但要想被貴人「相中」，首要條件還是在於：自己究竟有沒有實力。俗話說，師父領進門，修行在個人。如果你一無所長，卻僥倖得到一個不錯的位置，肯定後面會有一堆人等著想看你的笑話。畢竟，千里馬的表現好壞與否，代表伯樂的識人之力。找一個扶不起的阿斗，對貴人的鑑人能力也是一大諷刺。

除了真正是基於愛才、惜才之外，一般而言，貴人出手多少都是帶有一些私心，目的則在於培養班底，鞏固勢力。但是，也有一旦接班人羽翼豐盈之後，立刻另築它巢，導致與師徒失和，反目成仇，「教會徒弟打師父」，這類故事從古至今一再發生。

良好的「伯樂與千里馬」關係，最好是建立在雙方各取所需、各得其利的基礎上。這絕不是鼓勵唯利是圖，而是強調雙方以誠相待的態度，既然你有恩於我，他日我必投桃報李。人際管理專家曾經舉出千里馬與伯樂之間微妙的關係，往往是「愛恨交加」，又期待又怕受傷害。

如果，你正打算尋找一名「貴人」，以下是必須謹記的。

- **選一個你真正景仰的人，而不是你嫉妒或嫉妒你的人**：絕不要因為別人的權勢而想搭順風車。
- **摸清貴人提拔你的動機**：有些人專門喜歡找弟子為他做牛做馬，用來彰顯自己的身分。萬一出了事，這些徒弟很可能成為替罪羔羊。
- **要知恩圖報，飲水思源**：有些人在受人提攜，功成名就之後，往往就想雙手遮掩過去的蹤跡，口口聲聲說「一切都是靠我自己……」，絕口不提別人對他的幫助。如果你不想被別人指著鼻子大罵「忘恩負義」，千萬別做這種傻事！

找對幕後人物

常言道：「射人先射馬，擒賊先擒王。」在戰爭中，突然襲擊敵人的指揮機關，捕殺敵方指揮人員，可以使敵人立即陷入群龍無首、不擊自潰的困境，這是克敵制勝的法寶。

同樣，在晉升機會來臨的時候，要想夢想成真，就要針對關鍵人物下功夫，突破關鍵人物這道關卡，謀求關鍵人物的贊同和協助，這樣問題往往就會迎刃而解，勢如破竹了。

說到「關鍵人物」，人們往往首先會想到這是指主管人員或主管。是的，主管或主管的意圖對解決問題有著十分重要的作用。俗話說：「上面動動嘴，下面跑斷腿」，形象地道出這種影響的威力。與其口乾舌燥地和具體做事人員交涉，再心急如焚地等待相關人員向上級主管請示彙報，「研究研究」，不如想方設法徑直向有關上級主管申請洽商。這樣或許能爭取到當場拍板解決問題的可能性，至少可以減少輾轉獲悉上級主管審批意圖的時間。

但是，關鍵人物不一定就是檯面上看得見的人物。正如光緒當皇帝，慈禧掌印璽，幕後人物往往才是真正的「權威人士」。所謂「全公司聽廠長的，廠長聽老婆的」，就是最通俗的注解。

因此，想要在晉升過程中穩操勝券，除了著眼於主管、主管一類正式組織身分的負責人外，還應該爭取足以影響主管主管的非正式的「權威人物」的支持和幫助。透過當事人或上級主管人的親友故舊來說服當事人，成功的可能性則會大得多。

宋朝蔡京曾一度被宋徽宗罷相，落到山窮水盡的地步。但是他並不甘心就此退出政治舞臺，而是多方活動，以圖東山再起。

首先，蔡京暗中囑託親信內侍求鄭貴妃為自己說情，又請深得徽宗信任的鄭居中伺機進言。一切妥當之後，蔡京再讓自己的黨羽直接上書徽宗，大意是為他鳴冤叫屈，說蔡京改變法度，全都是秉承聖上的旨意，並非獨斷專行。現在把蔡京的一切都否定了，恐怕並不是皇帝的本心。

這些意見的要害是把徽宗牽了進去。徽宗見表章，果然沉吟不語，但也沒批覆。

這時鄭貴妃發揮枕邊作用。她本是識文斷字之人，早已看到表章的內容，又見徽宗的這種表情，就順勢替蔡京說了幾句好話，徽宗便有些回心轉意了。

第三步是請鄭居中出馬。鄭居中了解內情後知道時機已經成熟，便約了自己的好友禮部侍郎劉正夫，兩人先後晉見徽宗。

居中先進去向徽宗說道：「陛下即位以來，重視禮樂教育，欲行居養等法，對國家和百姓都很有利，為什麼要改弦更張呢？」

一席話隻字未提蔡京，只把徽宗的功績歌頌一番，但暗中褒獎的卻是蔡京，因為肯定前段朝政的英明就等於肯定了蔡京的正確。

劉正夫又進去重複補充一遍，醉翁之意不在酒，弦外之意不在言。徽宗聽了心裡很舒服，終於轉變態度驅逐劉逵，罷免趙挺之的相位，第二次任用蔡京為相。

盯住主要目標，全力以赴，固然很重要，但是對於目標周圍的那些「邊緣人物」，也要多多花費心思，有時甚至能達到意想不到的作用。他們可以順利地把你送到權力的彼岸。

擺平你的同事

在企業中晉升機會日漸減少時，每當有一個職位空缺，就有許多競爭者擠得頭破血流。在此情形之下，想掌握同事們的心，真是件極端困難的事，更何況是透過去探明同事的心思，助自己達成夢想。何況我們已經一再說明過，在企業中工作的人，「生存」和「成功」才是他們最終的意願，也是最大的目的。

俗話說：「讓人三分，是為善之本。」如果能一面對同事懷著這種寬大的胸懷，設法了解他的心思，一面觀望時機，捷足先登，比同事晉升得更高、更快，也並非不可能。在不違背自己的道德倫理觀念的原則下，達成「生存」與「成功」的目的，絕非困難之事。所以，在這裡所要敘述的重點，就是如何不使用詭詐的權謀術，而秉承為善之本，達到事業上的成功。

那麼，掌握同事的心為什麼那麼重要呢？答案很明顯。

機會到來，你可能晉升，你為了要讓這種可能變成事實，首先必須讓你的同事們承認你有資格成為他們的新主管。再說，如果要讓你的同事佩服於你，願意為你效勞，他們首先也得對你的為人處事心服口服。說不定，人事部在提升你之前，會先徵詢你的同事們的意見：「你們肯替他工作嗎？」同事們所顯示的反應雖不會直接左右人事部的決定，但還是會被列為人事考核的參考資料。假使人事部所得到的答案是：「要我替他做事，門都沒有！」那麼，即使你順利地晉升，將來也無法如願地管理你的部屬。

所以，你能否順利晉升，全看你是否掌握了同事的心，使你的同事願意全力支援你，因此絕對不可疏忽在這方面的努力。

想掌握同事的心，首先要做的就是探知同事的意願，接著由你來幫助他們達成心願。表面看來，為競爭勁敵鋪路，似乎荒謬到了極點，簡直不可能。但是此中自有其奧妙，你不要因此就想放棄。

首先，為了真正了解每一位同事，必須先籌劃一番，好好研究同事的心理，遇到疑問，就不厭其煩地向人討教。多多觀察他們的言行舉止，必要的時候，在很輕鬆的氣氛下與他們接觸，例如和他們一起用餐等，藉機會觀察他們。

另外準備一本筆記簿，開始針對每位同事，做科學性的分析。然後就對他們的了解，回答下面幾個問題。這時候，你不必心存愧疚或罪惡感，因為你所用的是正大光明的方法。如果你答不出來，就繼續觀察他們的舉動，傾聽他們的談話，久而久之，你就可以找到答案，然後才能決定下一個步驟。

此處所列的問題，只不過是其中的幾個例子。但至少能提供給你好的構想，啟發你找到安撫同事順利晉升的最佳方法。

1. 同事對目前所從事的工作有何期望？
2. 此人在公司裡的最終目標是什麼？
3. 他的私生活如何？他在公司裡所渴望達成的願望中，有哪些是能順利達成的？
4. 他有沒有特別的興趣？如果有，是些什麼？
5. 他和主管、同事、部屬間的人際關係如何？

經過嚴密的分析之後，你總算了解同事的欲望與要求了。但是，要暗中幫助他達到目標，滿足他的需求，該從何處著手呢？首先，你要將同事的需求按優先順序排列出來。想要有條理地把各種要求列出，必須應用 ABCD 法。

A —— 緊急。此項完成以前，其他專案必須暫時擱下不管。

B —— 最重要，但未到緊急的程度。

C —— 頗重要，但可以稍緩一下。

D —— 不太重要，可暫緩實行。

以這種方法，找出同事的 A 項的需求。然後站在同事的立場，幫助他達成最緊急的要求。

在 A 需求達成之前，必須先考慮 B 需求。等 A 需求圓滿達成後，再把目標移向 B、C、D 各項需求。當然，越往後的工作會越簡單。

只要你滿足了同事的 A 項需求，你的計畫就已經步上了軌道。同事也會留意到你所給予他們的幫助，開始對你表示友好，並願意為你做事。

只要略微使用策略，就能實現同事所提出來的構想。而且，你平時稍微表現出拔刀相助的意圖，同事遇到困難，便會主動向你求救。你再善用「手腕」，使他的構想實現，為他排除眼前的障礙。如此，同事除了一方面敬佩你的幹練，另一方面又對你懷有感恩之心。

例如：有位同事剛剛擬就一份業務報告書，其內容雖然很有價值，但是卻沒有能迎合經理的胃口，可能不會被接受。

這時你就要說服同事改寫報告。你可以告訴那位同事，他的報告條理分明，只可惜語氣過於尖銳，如能稍予更改，就十全十美了。你的同事就算再固執，也會接受你的忠告，並且對你感激不盡，因為你幫助他使得構想實現。

又假定有一位同事寫了申請書，想申請購買一部新機器，以長遠的眼光來看，使用這部機器一定能為公司節省許多經費，而且辦公室的營業也會更加順利。然而，董事長宣導節省經費運動，不過是數星期前的事情。所以，那位同事非常懷疑自己的申請能否獲准。於是，你運用腦筋勸那位

同事在申請書上注明：「這部機器將在與董事長有交情的那家公司，以最低價格購買。」終於，該同事的申請被批准，而你再次使同事的構想成了事實。

你幫助同事完成他們的目標，或對他們施恩，絕不可懷有過大的期望。當然，期望對方的感謝並無不可，但不可奢望實質的報酬。要把你對別人的恩情善加儲存，到你準備達成自己 A 項需求再做最大的利用。不過，你需要對方的回報時，要試探性地走近他們，悄悄地暗示他們。否則，如果你的聲勢過於浩大，對方可能會嚇得逃之夭夭。

現在，一切都進行順利，你已經確認了同事們的需求，並著手幫助他們達到了目標。下面要做的就是對他們的需求排定順序，並隨著他們所需求的內容，多方傾聽他們的談話。

你在眾人皆仰賴你的情況下，儲存了許多的「籌碼」，這些籌碼到你需要同事的幫助時，隨時都可兌現。只要你不浪費籌碼，不久就能累積成大筆的財產。而且，也為自己鋪好了一條平坦的晉升之路。

將阻力變成助力

在職位的競爭上，最好不要使用暗箭傷人的伎倆，因為你的主管不是一個傻子，何況暗箭傷人即使一時得逞，日後也總會有被揭露的一天，那時你的老闆及同事與下屬將如何看待你這個殘忍無情、不值得信任而且可能會危及公司利益的人？

其實競爭未必是件壞事。如果沒有競爭，運動員會為奪冠而努力嗎？公司裡的人會這麼努力工作嗎？如果你只注意競爭，而忽略了其他事情，競爭就會變成障礙。

問題的關鍵在於，應該讓競爭者助你一臂之力，將晉升的阻力變成助力，但如何做到這一點呢？

- **向他求助**：如果你遇到難題，而某位同事能幫你忙，為什麼不向他求助呢？只要你願意幫別人，別人也會願意伸出援助之手。
- **如果你的對手因幫助你而能獲益，他會很願意出力**：所以你要好好考慮，如果別人幫你忙，你有可能也幫他一下。例如寫封信給老闆，向他推崇你的對手，因為他在你的工作計畫中拔刀相助。
- **永遠不要讓你的對手難堪**：許多人看見對手做錯事時，就落井下石。問題是你也有做錯事的時候，到那時，你可願意別人利用這個機會報復你？

如果對手成功而你失敗時，該怎麼辦？——你要微笑著接受這件事，並加緊努力工作。假如你要改變工作計畫，要弄清楚你為什麼改，並在下決定時保持清醒的頭腦。

即使你打了一場小敗仗，也仍有可能在大戰爭中獲得最後的勝利。

晉升競爭五大戒律

我們宣導的晉升競爭，並不是一種盲目的角逐。應該承認，沒有哪一個人在晉升競爭中有百分之百成功的把握。如果有的話，該競爭就不能稱之為競爭了。

我們有必要學會規避下列情況下的競爭，這有助於我們保存實力，不作無謂的角逐。

戒過早捲入晉升競爭

下屬在晉升競爭中，要適當克制自己的欲望，不要過度衝動地把自己的急切之情溢於言表，也不要過早地捲入這種競爭之中，否則將給自己的工作帶來不利。

過早地捲入晉升之爭，容易成為眾矢之的

有句俗話說：槍打出頭鳥，說的也就是這個道理。因為，在這種情況下，人們往往總是希望自己的對立面越少越好，自己的競爭對手越少越好。所以，誰要是先出頭，無疑會首先遭到攻擊，這是必然的。其實，我們不妨看看所有的競爭過程，實際都存在一個非常普遍的規律：淘汰制。也就是說，它是透過不斷淘汰來實現的。而這種淘汰又往往是以某種不太公平的方式進行的。它不像在體育比賽中那樣有一定的分組。而且，即使有一定的名額分配，那也還有一個機遇的問題。在掌握不住的情況下如果晚點進行這個程序，觀察得更仔細一些，往往成功的可能性也就越大。

過早地捲入晉升之爭，會在競爭中處於不利的被動境地

如果你過早地捲入晉升之爭，就會過早地暴露了自己的實力，也同時顯出了自己的缺陷，以至於在競爭中往往處於不利的被動境地。在一般的情況下，人們在競爭初期總是十分謹慎的保護自己，做到盡可能地不露聲色。這樣，便可以使自己較好地避免在競爭中受到別人及對手的「攻擊」。正如兵書上所說的那樣，自己在明處、對手在暗處，此為大忌也。相反，盡可能地忍讓、克制自己的欲望和衝動，便可以達到後發制人的作用，可以在知己知彼的情況下，獲得競爭中的主動權。

過早地捲入晉升之爭，會使自己的行為陷入被動

如果你過早地捲入晉升之爭，就不容易了解整個競爭情況，使自己後面的行為陷入被動，這種情況常常出現在根據自己的了解和判斷，覺得自己的條件在各方面與其他競爭對手非常，有取勝的可能，於是，便當仁不讓地衝上前去。其實，我們很可能並不真正了解所有競爭對手的情況。俗話說：「真人不露相」，說不定在你身邊就的確有高人呢。如果這樣，你的判斷只能使你陷於不利的境地。聰明的人在這種競爭中總是會首先仔細地反覆考察，對比自己與對手的優勢和劣勢，經過反覆權衡之後，決定自己該如何辦。可在一開始，別人常常並不會表現得十分充分，這樣，你在一種資訊不充分的情況下做出的判斷就不能不帶有相當的片面性，這樣也潛伏著危機。冷靜的態度常常可以使我們做出一些非常客觀的判斷。而一旦發現自己在某次競爭中並不能有把握取勝，或者乾脆不可能取勝，那當然可以暫時地瀟灑一回了。

戒揚短避長進行職位競爭

如果你透過競爭得到的職位並不符合你的專長，你在這個職位上，很可能會無法發揮自己的一技之長，這種得不償失的晉升是值得認真考慮的。

如果這種晉升機會對你來說不是揚長避短，而是揚短避長，那麼實際上你會失去今後更多的機會，同時也會使自己已有的才華和能力逐漸退化。

在自己所不熟悉、不適應的職位上和環境中工作，在自己不擅長的業務上暴露了自己的短處，而埋沒了自己的長處，對這種情況就需要加以慎重考慮。

戒與強硬後臺者競爭

由於人事迴避制度的建立，直接把自己的親屬、兒女、子弟安插在自己身邊做事的現象現在已不多了，可是，上層大人物硬派來的皇親國戚、各方各面關係以交換的形式交叉安排人的現象還時有發生。身為一般的裙帶關係，他們要的僅僅是一個位置或一個飯碗，倒也不必大驚小怪。可是，有一些強硬的裙帶關係，他們不僅要占一個位置，要端一個飯碗，還要搶先提拔，搶先提升各種待遇，使別人奮鬥幾年甚至十幾年的成果毀於一旦。遇到這樣的情況，我們應該提醒主管注意，並號召群眾加以抵制，使他們的欲望有所收斂。但是，如果你的主管為照顧關係，尤其是還想利用這種關係來鞏固自己的地位，而你目前的力量還抵制不了這種不良現象，你就得暫時先避開他們。

有時，一些主管剛到一個公司任職後，為了順利地實施自己的一些工作方略，常常把自己原來非常得力的老部下調到身邊來擔任一些重要事務。這類事，雖然算不上是什麼裙帶關係，但是，這些具有「老關係」的人被主管信任的程度是大大高於我們的。而且由於他們熟悉主管的工作方法和流程，在競爭實力上自然是占有優勢的。在這種情況下，我們採取適當迴避的方法則是上策。

戒在貪財的主管面前與重金行賄者競爭

在當今社會，如果和你在職位上進行競爭的是一位非常謹慎的變相行賄者，做這種事很隱蔽、很策略，你的領導者對此不以為然，而以你目前的力量還抵制不了這種不良現象，那麼，我們這些不諳此道的人只有暫時先甘拜下風退出競爭陣地，而把更多的精力用在我們的工作上了。

戒在輕浮的主管面前與風騷的異性競爭

可能是由於「愛美之心人皆有之」的本性使然，在選拔政府官員或企業管理人員時，領導者總是優先選擇那些顏值較高的人。所謂目測、面試，便有以貌取人之意。一些瀟灑漂亮的男女青年，總是比那些容貌一般的同儕更有被優先錄取的機會，這已經是為大家所普遍了解的事實。如果主管正正經經做人，規規矩矩做事，我們的容貌和形體就會幫助我們取得成功。如果我們以此為本錢，身為討好異性主管和貶低同事的一個條件，那麼，這方面的有利條件就有可能把我們引向人格的反面。當然，並不可否認，透過這種管道也可能在仕途上取得「重大」的成功。因此不得不提醒那些仁人君子，當一些人運用「性」的魅力進行反面競爭時，必須給予提防。如果你的領導者是個風流人物，對異性的誘惑來之不拒，而你既不想、又不能在這一方面與他（她）們一比高低的情況下，倒不如乾脆退出競爭，及早讓步。如果你的身邊有漂亮的異性同事，並且和你形成了實際上的工作競爭關係，你不妨可以考察一下他（她）們的素養。如果他（她）們是正派人，當然可以相處下去；如果他（她）們想運用異性的力量與你展開激烈的競爭，你還是早一點避開為好。

職場五大笨

眼看你的同事升官的升官，加薪的加薪，你卻原封不動，這是怎麼回事？也許你因此而百思不得其解，甚至怨聲不絕。出現這種情況，你有沒有想過從自身來尋找原因？當然，這種情況落在你的頭上，不一定是你的能力不足，而有可能是你的人際關係不夠好。如果你的人際關係不好就會阻礙你在職場上的晉升，這是殘酷的事實。為了以後的發展，請你細心閱讀下面的幾點，這些可能是你停滯不前的原因：

覺得把分內工作做好就夠了

工作能力、效率、可信賴的程度，甚至你的學歷，都不會是單一指標，也不會是最重要的。無論你是老師、護士、會計或祕書，工作環境本身是由人組成，那麼各人就會有各人關心的事務與優先順序。學習如何調節與主管或同事之間的重心，這就是所謂的辦公室政治。不管你如何憤憤不平，你在這公司的前途，從如何面對小爭執如怎樣擺放文具，到大事情像這個月誰多休一天假等都有影響。

不理會謠言

謠言是公司的生命力，很多事情的跡象是從那裡開始，是山雨欲來前的風向標，即使謠言的很多細節都不對，但是無風不起浪，你可以推測出一些端倪。比如說，有人看到最近你們公司的競爭對手與總經理開會（一個人說不算，至少等到有三個人都知道這件事再說，如果你急著傳話，別人知道這些消息是你傳出去的，下次你就不會聽到任何消息了）。雖然，你並不喜歡搬弄是非，然而有時你也得說些小道消息，一副沒有興趣的表情會讓人以後對你敬而遠之。大原則就是，你有興趣聽，但不要讓大家都說你是廣播電臺。

認為同事可以是患難知己

幾個月下來，小玲對你的家務事清清楚楚，她聽到你媽媽在電話上嘮叨，知道你叫朋友的暱稱，再加上你們形影不離（上班時間），吃中飯時通常是你傾吐心事的時候。這一切讓你感覺能交到這麼貼心的朋友真好。

但是如果三個月後，你升官加薪，而小玲沒有，更巧的是，你成為她的主管。這時，你想，身為你的最好朋友，她應該會替你感到高興吧，希望如此。但是，權力與金錢常常會改變許多人的想法，尤其是關係到個人的前途。如果小玲不再是你的朋友，你這時可能會開始擔心你以前透露的所有祕密。

輕視你的對手

大部分人認為朋友給我們最大支持，對手企圖傷害我們，因而不去理會他。事實上，不理會你的對手是做不到的，你的對手恨不得你馬上垮掉，因而他們總想抓到你的「小辮子」，你一出錯，他們馬上指責，不會保留，他們攻擊你最脆弱的地方以致一敗塗地。所以正視對手著眼處，會讓你可重新修補盔甲，彌補缺點，下次他們再來，你已經氣定神閒，準備好了。

常常很露骨地拍主管馬屁

有些主管希望聽到所有角度的資訊，但是大部分的經理卻不會，他們也是普通人，也就是說，他們寧可聽到好消息而不是壞消息。其實，這就是阿諛奉承、拍馬屁，只是有技巧與心意的區別：經理您今天看起來好年輕。這種話討好痕跡是很明顯的，主管不是笨蛋，你昧著良心的話他也聽得出來，這會讓他在心底深處瞧不起你。正確的方式是：你要找出他真正讓你佩服之處，然後適時讚美，就像你的父母誇獎你房間很乾淨，當你考高分時學校老師誇獎你一樣。「經理，你昨天的處理方式真好，讓我們能夠把任務順利進行，多虧有你出馬。」

如果升官的不是你

為做好工作你廢寢忘食，為晉升你絞盡腦汁，然而最終的結果是晉升的不是你。這真叫人傷心。

在和工作有關的挫折當中，該提升而未獲提升這種現象是很普遍的，但專家指出，事情發生之後，日子還得過下去 —— 而且你可能會有較好的日子過。當然，經過打擊後，你需要一段時間才能痊癒，不過，許多人後來發現，這種經驗對自己有振聾發聵的效用。

如果這件不妙的事降臨在你頭上，你該怎麼辦呢？

一旦消息得到證實，就去向新升任的人道賀。別談那些無關緊要的閒話，要談將來，因為將來你有可能成為這位幸運者的下屬，所以最好盡快跟他建立新關係。

1970 年代末期，奇異公司的高特和其他六七個主管共同角逐執行長的位置。他在得知自己失敗時，打了電話給另外三位進入決選的人，「我恭喜他們，並祝他們順利，」高特回憶，「當時我是公司的大股東，所以我還請他們務必努力工作以保障我的權益。」雍容大度的高特很快在別處大展身手，他當上了另外一家大企業的 CEO。

等你公開向對方道賀後，再回到自己的辦公室閉門深思。如果你發現情緒正在大起大落之中，這實際上對你正在經歷的痛苦是具有療效作用的。

美國西北大學管理研究所教授康明斯（Jonathon Cummings）發現，控制一個在升遷中受挫的人反應的幾項關鍵因素：

- 你有沒有預料到會遭受挫折？如果已經預料到，也許就不至於那麼痛苦；如果是出乎你的意料，就要問「為什麼」，是不是公司給了你錯誤的資訊？或者主管把你遺忘了？

- 在你的事業和生命中，你目前處在哪個位置？重點不在年紀老少，而在於你有多少其他的選擇。如果你有別的發展 —— 不管是調到別的部門、提早退休或另謀高就，就不會覺得全無指望。
- 你認為是什麼原因使你該升而未升？是你自己還是環境使然？如果你認為是自己工作不力而未獲晉升，當然會更痛苦。
- 家人、朋友是否支持你？假如你不能對配偶或其他人提及你的痛苦，麻煩就大了。

晉升失敗對自我可能是一大打擊，但應該弄清楚這次打擊對你的事業有多大的傷害。聰明人會了解其中的差異。

當你在評估「未受晉升的打擊」對工作的影響時，要盡可能找出答案 —— 為什麼他們用別人而不用你。重新評估最近的工作表現，也許你的主管一直傳達給你某種資訊，只是你沒有注意到。找公司裡的同事，請他們坦白告訴你，你的表現到底好不好，但別把話題局限在工作上，試著考慮別的可能性，也許失敗和工作表現無關，而是因為主管非常喜歡那個人。

在去找主管以前，先以公司利益為著眼點，擬好要說的話。例如：「我一直盡全力為公司工作，要怎樣才會做得更好？」

在剛開始問問題時用點迂迴的技巧較好：「以專家的眼光來看，你覺得做那個工作的人需具備什麼條件？誰來決定人選？」也許真正的決策者不是你的主管，而是比他更高階層的人。慢慢再把問題縮小到核心：「為什麼是那個人得到工作而不是我？」

這個問題不一定能得到真正的答案，萬一真正的理由錯綜複雜，你的主管可能會設法把他的選擇合理化，例如：吹噓你的對手有的那些經驗正是你缺乏的，而那些經驗是工作上絕對需要的。

這時候，你可以提一些「可能存在主管心中，但他不便主動提出」的問題：「我的表現太差嗎？或者太自我？我有沒有做錯什麼事？」他會答：「喔，既然你提到這件事，我就順便說，以後你如何如何做會更好。」最後，千萬別忘了問：「將來我得到晉升的機會有多少？」

參照你所得到的答案，開始擬定後續計畫，提醒自己針對遠端目標來考慮，這次遭遇到底是無法挽救的失敗，還是一個小小的挫折。假如這已經是第二次，那麼你要深思，自己是否被忽視了。

有一些人甚至建議，第一次遭忽視時，要做辭職的打算，第二次再發生時，就真的該走了。

另外，還要考慮這家公司是不是很值得而且適合你待下去？你有沒有得到公平的待遇？被晉升的人是否得到你敬重？當你完全了解被晉升前應具備的那些因素後，還願意努力去爭取嗎？

當然，別忘了自問：對我而言，所謂成功就是在公司中不斷往上爬嗎？你必須試著去了解，成功的形式絕不只一種。

要達到這個境界並不容易，因為想在競爭中脫穎而出，受到晉升的欲望深植人心，所以遭到失敗的痛楚才會那麼強烈。

晉升加油站：容易晉升的五類員工

綜觀眾多如願晉升的實例，可以總結出容易晉升的五類員工，依次為：主管的心腹、公司的能人、孺子牛式的員工、德高望重者以及八面玲瓏的員工。

主管的心腹

能夠成為主管的心腹，自然是好處多多。常言道，「做得好不如關係好」，在公司裡，主管的好惡常常會決定一個人的仕途。

成為主管的心腹，你就有了晉升的籌碼。主管會在工作中指導你、幫助你，督促你事業的發展，為你的前途掃平障礙、排憂解難，從而為你的晉升助上一臂之力。要成為主管的心腹，需做到以下三點：

成為主管的「自己人」

在用人時，一向強調「德才兼備，以德為先」的標準，而最大的德則莫過於「忠」了。不忠的人留在主管身邊，猶如養虎，對主管自己的危害是非常大的，更不利於工作的開展。主管對下屬最看重的一條就是是否對自己忠心耿耿。比如一些公司的司機、祕書都是主管的「自己人」，如果不是自己人，一些在車內的談話，辦的一些私事被傳出去，就會造成不良的影響。

因此，要成為主管的自己人，就要經常地用行動和語言來表示你對主管的信賴和忠誠，而表現你忠誠的最好辦法莫過於勇於在主管處境尷尬之時，挺身而出，不惜犧牲自己的某些個人利益來換取主管的信任。

有些時候，由於主管對某個問題處置不當或者了解不夠，會引起一定的不良後果，受到各方責難。這時，讓主管勇於自我批評是有一定困難的，因為這無疑會降低自己的權威性。如果你想讓主管感受到你的忠誠，就不妨在此時將責任承擔下來，替主管代過。一方面，主管會因你的捨我之舉而心存感激，另一方面，他也會利用自己的有利地位來保護你，為你開脫這樣，你便可用短期的損失來贏得主管長久的信任。

自然，承擔過失是要審時度勢的，首先你應考慮到這種損失會不會引發自己仁途上的永久損失，如成為一個從政汙點；其次你應考慮到這種損

失是否是你能夠承擔的。如果這兩個問題你不能很好的回答，便不宜去冒險，否則便成了別人的「犧牲品」和「替死鬼」。要知道，人總是從自己利益最大化的角度來處理和對待各種問題的，如果你不能做到「捨小取大」，你的忠誠便是盲目的，是「愚忠」。所以恰當的忠誠才是被主管信任、既發展自己又保護自己的方法。

維護主管的權威

許多人酷愛面子，視權威為珍寶，有「人活一張臉，樹活一層皮」的說法。而在官場上，大官員則尤愛面子，很在乎下屬對自己的態度，往往以此作為考驗下屬對自己尊重不尊重、會不會做人的一個重要「指標」。

從歷史上看，因為不識時務、不看主管的臉色行事而觸了霉頭的人並不在少數，也有一些忠心耿耿的人因頂撞了主管而備受冷落。現實中有一些人有意無意地給主管丟臉、損害主管的權威，傷了主管的自尊心，因而經常遭到刁難、受冷落的報復。

即使很英明、寬容、隨和的主管也很希望下屬維護他的面子和權威，而對刺激他的人感到不順眼。唐太宗李世民是以善於納諫著稱的賢君，但也常常對魏徵當面指責他的過錯感到生氣。一次，唐太宗宴請群臣時酒後吐真言，對長孫無忌說：「魏徵以前在李建成手下共事，盡心盡力，當時確實可惡。我不計前嫌地提拔任用他，直到今日，可以說無愧於古人。但是，魏徵每次勸諫我，當不贊成我的意見時，我說話他就默然不應。他這樣做未免太沒禮貌了吧？」長孫無忌勸道：「臣子認為事不可行，才進行勸諫；如果不贊成而附和，恐怕給陛下造成其事可行的印象。」太宗不以為然地說：「他可以當時隨聲附和一下，然後再找機會陳說勸諫，這樣做，君臣雙方不就都有面子了嗎？」唐太宗的這番話流露出他對尊嚴、面子和虛榮的關心，反映了主管的共同心理。

面子和權威之所以如此重要，根本原因在於他們與主管的能力、水準、權威性密切掛鉤。一位牌技不高的科長在和下屬打撲克牌時，常因輸得一敗塗地而對玩牌的人破口大罵，很明顯地暴露出對下屬「手下不留情」的不滿，漸漸地，下屬們不再和他一起打撲克牌，怕刺傷科長的自尊心。像這位科長一樣小心眼的主管比比皆是，可謂防不勝防。平時娛樂時，一些人不喜歡和主管在一起，這方面的因素無疑是個障礙。

得罪主管與得罪同事不一樣，輕者會被主管批評或者大罵一番；遇上素養不好、心胸狹窄的人可能會報復，暗地裡刁難你，甚至會一輩子壓制你的發展。楊雄在《法言．修身》中談到「四輕」的危害時講「言輕則招憂，行輕則招辜」，從與主管相處的角度講，不慎言篤行，一旦頂撞了主管，就會影響你的進步和發展。所以，為維護主管的權威，我們必須做到以下幾點。

- **主管理虧時，給他留個臺階下**：常言道：得讓人處且讓人，退一步海闊天空。對主管更應這樣。主管並不總是正確的，但主管又都希望自己正確。所以沒有必要凡事都與主管爭個孰是孰非，得讓人處且讓人，給主管個臺階下，維護主管的面子。
- **主管有錯時，不要當眾糾正**：如果錯誤不明顯又無關大局，其他人也沒發現，不妨「裝聾作啞」。如果主管的錯誤明顯，確有糾正的必要，最好尋找一種能使主管意識到而不讓其他人發現的方式糾正，讓人感覺是主管自己發現了錯誤而不是下屬指出的，如一個眼神、一個手勢甚至一聲咳嗽都可能解決問題。
- **不頂撞主管的喜好和忌諱**：喜好和忌諱是多年養成的心理和習慣，有些人就不尊重主管的這些方面。一位處長經常躲在廁所抽菸，經了解得知，這位處長手下有四個女下屬，她們一致反對處長在辦公室抽菸，結果處長無處藏身，只好躲到廁所裡抽菸。他的心裡當然不舒服，不到一年，四個女下屬換走了三個。

- 「**百保不如一爭**」：會做人的下屬並不是消極地給主管保留面子，而是在一些關鍵時候、「露臉」的時刻給主管爭面子，給主管錦上添花，多增光彩，取得主管的賞識。

關心主管的生活

喜歡別人關心自己的生活近況，這是人之常情，主管例外。比如主管遇到高興的事 —— 子女考上大學，加薪升官，喬遷之喜等等，心裡一定想找人誇耀一番，而如果遇到憂愁煩悶的事，也想找個人傾訴。下屬在主管高興之時能夠表示欣賞、贊同，在主管憂煩之時表示同情，正是所謂「同甘共苦」，這樣和主管的感情連繫必將加深。一般人遇到喜怒哀樂的事，都不願悶在心裡，而希望有朋友同喜樂、解哀愁。下屬如果對主管能做到隨時關心，那麼主管自然會在心中將你當成朋友。

但同時要注意，下屬與主管的來往畢竟還是有顧忌的。不能喪失自尊像個跟班似的跑在主管後面，大事小事都隨聲附和，連主管不願人知的隱私也去刺探，甚至為表示親近關係還四處張揚，或者是不看別人臉色，到別人家裡一坐就是半天，喋喋不休，占用主管已安排好的時間。這些來往的分寸若不掌握好，成為糾纏不清的人，在主管面前會很不受歡迎。不受到歡迎就不會有真正的好結果。

讚美你的主管

讚美是一門微妙的藝術，一著不慎就將導致「畫虎不成反類犬」的敗局。伴君如伴虎，對主管的讚美，在第三章已作了較為詳盡的介紹與論述，在此不再贅述。

公司的能人

經濟社會最公平最殘酷的一面就是優勝劣汰。在此大環境下的各個公司，也因之衍生出「能者上，無能者下」的競爭局面。

能人能給大家帶來利益

一般來說，由於能人在某些方面的能力有超群之處，所以才能在公司的各項工作中達到特殊的作用，或解決公司的各項難題，或創造工作的新契機，從而給大家帶來各種利益。

在瓶裝水競爭日益激烈的今天，某礦泉水廠效益日益崩塌，高層主管想盡辦法都難挽頹勢。年輕的銷售部主任設計出一套促銷方案，經銷售部試用後銷量大增。半年後，該年輕的銷售主任升任為銷售部經理。

主管需要能做出成績的能人

任何主管都毫無例外地希望自己的下級是一個有才有識、有膽有略、有德有績的人。這樣也展現出主管用人得當、主管有方。從而主管對有成績的下級往往倍加讚賞和鼓勵，視為自己的得力助手，甚至很快委以重任，迅速提升為左右臂。唐太宗李世民時的由御史後升為侍御史的蔣恆；宋仁宗時的晉陽縣令後升為宰相的寇準就是最好的證明。如果一生碌碌無為，毫無建樹，主管自然就會認為你能力有限，丟了他的面子了，不僅你晉升無望，甚至連現有職位也難保全，因此身為下級必須不斷開拓進取，做出實績，這既利國利民也利他、利己，何樂而不為。

正因為主管需要能做出成績的能人，所以你要使主管覺得不能缺少你。

就算你有越級的主管做靠山，頂頭主管始終掌握著你的命運，是你必須認真對待的人。對待頂頭主管的祕訣是：使主管感到不能缺少你。

要讓主管感到不能缺少你，有正道和邪道。從邪道來說，方法是壟斷某些消息和資料，讓主管要透過你才能了解周圍的情況。這樣一來，你便成了主管的耳目，非你不可了。不過要從長遠來說，一定要有實際成績和表現。因為從實際情況來看，沒有一個人是真正不可缺少的，所以千萬不能只演假戲自欺欺人。

因此，還得回到正道。任何下屬的作用，都是幫助、協助主管達到其事業上的目標。要做到這一點，首先要認同主管的事業目標和工作價值。主管認為公司應快速成長，你不能認為要循序漸進；他認為用語十分重要，你寫報告的文字就不能粗心。其次，要彌補他的缺點，他向外發展，你要守好大本營；他大刀闊斧，你要做些繡花功夫。這一套行得好，與主管相處才是如魚得水。

要成為能人就要掌握特殊的本領

不管做什麼事，只要你掌握了特殊的本領，就會得到重用。特別是在經濟部門，公司不是慈善機構，老闆也不是慈善家，他的最主要目的還是獲得盈利，使生意越做越大。

要具有冒險精神

美國之所以在近代屹立於世界潮頭，與其民族的冒險精神有關。一個人要得到快速發展就要具有積極進取的冒險精神。一位在商場拚殺多年的成功人士曾說過：「冒險精神是生命中一項重要的元素，不要將之埋沒，要適當地運用它，因為你會發現它原來是一個重要的推動力。」

對於事事循規蹈矩的員工，工作基本上不會出錯，但也基本上沒有出色的表現，是那種容易被主管遺忘的人，自然升遷的可能相當小。

孺子牛式的員工

出自《左傳·哀公六年》的孺子牛之所以被稱讚，是因為他具有不怕吃苦且毫無怨言的優良品德。

一個人之所以成為提拔對象，在平時肯定是有過不同於常人的表現，或者顯示了自己才智，或是顯示了自己的高尚品德。這一切，只是為日後的提拔創造了條件，打下了基礎，絕不是確保提拔的保險資本。如果你在提拔之前工作上表現依舊，或是比平時稍顯得遜色，那麼你就很難保證自己將有錦繡前程。潛在的危險來自兩個方面，一是主管的看法，二是同事的競爭。你過去之所以顯得優秀，是相比你原位置而言的。現在，你成了提拔對象，主管對你的要求肯定要高一些，如果你懶懶散散，主管可能會產生不滿。這時，如果你的同事異軍突起，突飛猛進地追上來，你的命運就難以捉摸了。在工作上，你必須用心去做，減少出現失誤。如果有可能，盡量做出一些令人讚賞的成績。如果你的職位和所處的時機不利於出成績，那你只有採取拚命做的戰術，多承擔一些別人不願意做的工作，多做出一些犧牲和努力。例如：每天上班早一點到，下班晚走一點；節日假日替主管開一些無關緊要的會議，替同事們值夜班、出勤；代主管或同事做一些遠而無利的公差；主管交辦的事情盡量在最短的時間內完成；基層單位的申請事項要盡快地給予答覆等等。總之，你要顯得很勤奮、很辛苦、很肯做，千萬不要給人閒閒沒事的印象。這樣，即使沒有取得顯著的成績，這一番勞苦也會贏得主管和同事們的好感，對你的晉升有益無害。孺子牛式的員工，具有以下特質：

承擔別人不願意承擔的工作

日本東芝集團副總裁向記者談起他的成功之道時詼諧地說：「我之所以成功，是因為我專揀別人不願意做的職位」。

熱愛工作

社會上公認為成功的人物幾乎都有一個共同的特徵：對自己所從事工作的熱愛和執著。一個優秀的下屬應該懂得：只有「做一行，愛一行」，才能做好一行，在這一行出成果。即使這項工作有違初衷，一旦接手，就要毫不猶豫地擔負起責任，盡責盡職，做出實績。而不是天天抱怨，「我根本不喜歡這工作」、「這工作太累人了」，於是乎推卸責任，對工作缺乏責任感，敷衍了事。

努力工作

一個成功的下屬，他應深深懂得「時間就是金錢、生命、效益」的道理。他的工作是高效率的。對於主管的指示或安排的工作要馬上執行，絕不拖拖拉拉、互相爭論。在他的詞典裡，只有「馬上做」、「如實完成任務」的詞句，而不是接受任務，「我再想看看」、「明天再說」，拖而不辦，明日復明日，工作積壓，問題成堆。整日抱怨工作太重，卻不積極去解決。

這樣的下屬絕不是一個稱職的下屬。

伊文思出生於寒門，沒有文憑，沒有技術，只好出賣苦力做勞工。正當心灰意冷時，他受到渣打銀行的聘用，他抓住這個機遇努力工作，很快受到主管的賞識和重用，並被任命為董事，後升任經理。他在銀行界站穩腳跟後，開始競選議員，後來終於出人頭地。

不怕吃苦

「孺子牛」型的人都不怕吃苦。松下幸之助說：「只埋怨工作辛苦，是不會出人頭地的。沒有辛勤體驗，哪有成果？」

「當年創業的時候，對自己說：『要好好努力喔，只是埋怨辛苦是不會出人頭地的，現在拚命努力，忍耐，將來一定有出息。』因此，在冬季結冰的天氣下做抹布清潔工作，雖然很辛苦，一轉念：『這就是忍耐，他們說的正是這個，努力做吧。』而將辛苦化為希望。」

松下幸之助本人正是靠這種吃苦精神才創出一番事業的，所以在當上老闆之後，他告誡他的員工要得到晉升就要有吃苦的精神。

德高望重者

德高望重者由於在主管和同事中都具有較高的聲望，因而是最容易獲得晉升的一種人。

德高望重者容易得到公司的擁護

主管的權威表現在能使他人按其意圖來實現目標的影響力——一種能改變他人行為的力量。一般情況下，影響力大，說明權威高；影響力小，說明權威低；沒有影響力，就說明沒有權威。

權威是權力和威信的綜合展現。身為主管，他有一定的權力，但不一定有威信；身為下屬，他的權力不如主管，但他的威信可以比主管高。

德高望重者不一定有較大的權力，但必須有較高的威信。

善於樹立威信

想透過成為一個德高望重者而被得到快速晉升的下屬，應該清楚可以透過下列途徑使自己享有較高的威信，從而成為一個德高望重者。

- **以德取威**：這個「德」就是要堅持原則，秉公執政，做事公道，賞罰分明，不做「老好人」；嚴以律己，以身作則，言行一致，表裡如一；清正廉潔，不以權謀私；不玩弄權術，不搞吹吹拍拍，不做拉拉扯扯，不瞞上壓下；道德高尚，品性正直等等。如果主管能在這些基本方面做出表率，就會成為下屬的楷模，比任何言語都有說服力和影

響力。古人云：「其身正，不令而行；其身不正，雖令不從」，說得真是又簡明又透徹。如果主管利用職權，違法亂紀，損公肥私，他的威信就會蕩然無存。俗話說：「無私功自高，不矜威更重」，一個品德高尚，大公無私的領導者，肯定會得到尊敬佩服，威望也會越來越高。

- **以學識取威**：也就是說，一個領導者，必須具有一定的知識素養，在知識化、專業化方面達到較高的水準，成為本部門本專業的內行，才能享有較高的威信。在科學技術迅速發展、大眾文化水準大大提升的今天，一個領導者如果沒有足夠的知識和較高的業務水準，甚至不學無術，還在有專長的下屬面前指手畫腳，很難設想會有什麼人佩服他。比如：一個學校的校長上不了講臺，一個醫院的院長對醫術一竅不通，他的威信從何而來呢？相反，如果他具備必要的專業知識，就不僅能運用自己的知識領導好本部門本公司的工作，而且能與部下有更多的共同語言。這樣的主管，還有誰不敬佩和信服呢？
- **以才取威**：這裡的「才」，不是指科學家、藝術家的那種「才」，而是指領導者的領導才幹、領導能力。它集中展現在分析問題和處理問題的能力上，如預見能力、決策能力、組織能力、指揮能力、協調能力、創新能力、社交能力以及寫作能力、演講能力等。一個才華橫溢的主管可以使人產生一種信賴感和安全感，即使在非常困難和極端危急的情況下，被領導的職員也會同心同德地跟著他去戰勝困難。這各方各面的能力，是透過主管的一言一行、一舉一動表現出來的。就以做報告來說，如果主管的報告做得很成功，語言生動、流暢、簡練，邏輯性、說服力、感染力也很強，員工就會認為他是一個思想深刻、知識豐富、水準很高的主管。如果他的講話既膚淺又枯燥，言之無物，拖泥帶水，甚至前言不搭後語，常常說錯話，念錯字，不僅不能給人以任何啟發和鼓舞，反而覺得聽他講話簡直是活受罪，他就會給員工留下不好的印象，使人感到這個主管水準太低。做一場報告尚且如此，處理一個重要問題，做一次重要決策，就更能反映領導能力的高低優劣了。所以，誰要想贏得威信，誰就必須刻苦鍛鍊，在成長才幹上下功夫。

- **以信取威**：信即信用。古人云，言必信，行必果。言必信，就是說明一定要講信用，不食言，不說空話、大話。具體地說有四點：一是說話一定要承擔責任，說了就要算數，信守諾言。二是對做不到的事情，絕不要許諾；既已許諾，就一一要兌現。三是對非常有把握的事情，也不要說絕，而應留有餘地，以防萬一。四是對下級、同級要誠實、坦率，一是一、二是二，不當面一套、背後一套。行必果，就是行動一定要堅毅果斷、善始善終，不能說了不算，定了不辦，虎頭蛇尾，半途而廢。

  一個領導者只有始終堅持「言必信，行必果」，才能獲得群眾的信任。最容易損害主管威信的，莫過於被人發現他在欺騙、吹牛、搞鬼、不守諾言。主管一定要嚴格要求自己。如果做了錯事，說了錯話，就應該坦率承認，及時改正，而毋須文過飾非、更不能欺上瞞下。只有這樣，才能獲得人們的信賴，形成自己的主管權威。

- **以情取人**：情，就是和下屬之間的感情。這種感情是在長期的共事和生活中逐步建立起來的，是與員工之間互相了解、互相尊重、互相信任、互相體貼的表現。有了這種感情，主管和員工就能同甘共苦，甚至生死與共。這種上下級之間的深厚感情主要來自主管對下屬長期的苦心培育和關懷，來自對下屬真摯的愛。當然也包括下屬對主管的尊敬、信賴和愛戴。

八面玲瓏型的人

儘管許多人將「八面玲瓏」看做貶義詞，但不容置疑的是：八面玲瓏型的人人緣好，受人歡迎。試看你公司的大大小小的主管，有幾個是稜角分明，而又有多少八面玲瓏？八面玲瓏型的下屬善於與人來往，人緣好，處理起人際關係來得心應手，不容易得罪別人。當主管想要晉升下屬時，一定會考慮誰最能服人、最得人心這一點。

八面玲瓏型的人往往是受歡迎的人，不會討人嫌。這些人往往有如下特徵：

- **聆聽重於表達**：在人們自我表現傾向普遍化的今天，能靜下來聆聽別人說話，已成為一種美德。多聽則有助於資料的搜集、人事的觀察，還可以避免因多言而造成的差錯，是現代人重要的修養之一。
- **尊重別人的隱私權**：人們接觸的密切，並不表示彼此一定要互訴衷腸。適度的相互開放，有助於和諧關係的維持。
- **勿太過於謙虛**：當他人讚美自己時，只要自己當之無愧，不妨大方地回以微笑，表示謝意。這種適度的謙遜，使自己顯得更值得尊敬，而不矯揉造作。
- **不找藉口**：自己犯錯誤時立即承認並且大方地道歉，可以避免許多不必要的誤解與麻煩。盡量不要為自己的不當行為找藉口，坦誠而適宜地表達心聲，往往能夠獲得別人的原諒。
- **不過度犧牲自己去討好別人**：必要的犧牲是可以的，但不必為了討好別人而故作姿態，何況想討好一切人是根本不可能的。
- **珍惜自己和別人的時間**：那些到處遊蕩道人長短的閒人，勢必被快速變動的社會所淘汰，現代人應學會善於安排自己的時間，也珍惜別人的時間。

◆ **善於變通**：八面玲瓏型的人不能死守教條，善於變通。

美國辛辛那提大學（University of Cincinnati）喬治．古納教授，在教授祕書學時，提出了這樣一個案例：

某天，A 公司經理突然收到一封非常無禮的信，信是一位與公司來往很久的代理商寫來的。經理怒氣沖沖地把祕書叫到自己的辦公室，向他口述了這樣一封信：我沒有想到會收到你這樣的來信，儘管我們之間存在一些交易，但是按照慣例，我仍要將此事公布於眾。之後，經理命令祕書立即將信列印寄出。對於經理的命令，祕書現在有四種行為選擇：

1. 「是，遵命。」說完，轉身回到自己的辦公室將信列印寄出。（照辦法）
2. 如果將信寄走，對公司和經理本人都非常不利。祕書想到自己是經理的助手，有責任提醒經理，為了公司的利益，哪怕是得罪了經理也值得。於是對經理這樣說：「經理，這封信不能發，把它撕了算了。」（建議法）
3. 祕書不僅沒有照辦，反而前進一步，向經理提出忠告：「經理，請您冷靜一點，回一封這樣的信，後果會怎樣呢？在這件事情上，難道我們自己就沒有值得反思之處嗎？」（批評法）
4. 當天快下班時，祕書將列印出來的信遞給已經心平氣和的經理：「經理，可以把信寄出嗎？」（緩衝法）

喬治．古納教授選擇了第四種行為，即緩衝法。他認為，第 1 種行為（照辦法）對於經理的命令忠實堅持地執行，身為祕書確實需要這種素養，但是僅僅「忠實堅決」照辦，仍然可能失職。第 2 種行為（建議法）是從整個公司利益出發，對於祕書來說，這種富於自我犧牲精神也是難能可貴的。但是，這種行為又超越了祕書應有的許可權。第 3 種（批評法）

是祕書干預經理的最後決定，也是一種越權行為。喬治認為，第 1 種和第 2 種行為雖不足道，但畢竟還有商量的餘地，而第 3 種行為是最不可取的，採用第 4 種行為，在祕書的職責範圍內巧妙地對主管決策施加影響，既無越權之嫌，又獲得了良好的效果，因而是最好的辦法。

在以上的案例中，建立法被喬治．古納教授排除了，因為有越權之嫌，不過在其他場合，下級給上級提出建議或忠告，是幫助主管的重要途徑，也是正確之舉。但效果如何，取決於你的行事方式，取決於你是否在正確的時間、地點，以正確的方式做正確的事情。為此，應該注意以下幾點：

- 要在主管心平氣和，心情開朗的時候提出，在上面的例子中，即使建議不越權，盛怒的經理恐怕也難以接受。
- 多在「桌下」提出，少在「桌上」提出。所謂「多桌下，少桌上」，就是說下級向上級提出忠告時，要多利用非正式場合，少利用正式場合；多利用非工作角色身分，少利用工作角色，盡量兩人私下交談，一般不要公開提意見。
- 要以「變通」的方式提出。即：要多從正面去闡述自己的觀點，而不要從反面去否認、批駁主管的觀點。甚至可以有意迴避或做迂迴變通。從心理學上講，它適合了人們自尊的需要。美國的羅賓教授在《下決心的過程》一書中寫道：「人，有時會自然地改變自己的看法，但是，如果有人說他錯了，他會惱火，更加固執己見人有時會毫無根據地形成自己的看法。但是，如果有人不同意他的想法，那反而會使他全心全意地去維護自己的想法。不是那種想法本身多麼珍貴，而是他的自尊心受到了威脅」我想，他的話對大家而言，應該是很富有啟示性的。也許，由此你可以對你的主管做到「良言並非逆耳」。

建立良好人際關係的祕訣有四個字：主動、熱情。雖然你不一定要做到「愛你的敵人」，但是，在最低限度上，你應少樹立對立面，否則會影響你的晉升。

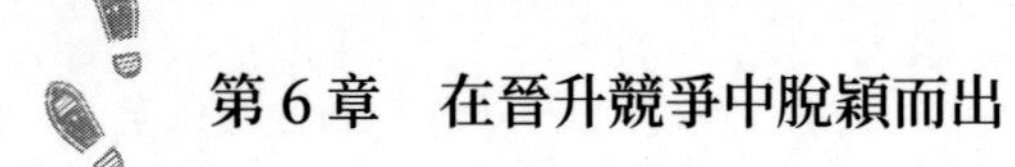

第 7 章
怎樣做好基層主管

晉升為基層主管，是人生事業中平步青雲的第一步，升為主管，固然享有更大的權力與更多的自由，但同時也意味著承擔更多的責任與義務。

新官上任如何服眾？如何承上啟下，透過部屬愉快地做好工作，圓滿地完成主管交代的任務？如何充實自己，以便更上一層樓？……

新官上任別急著燒火

晉升為新任主管後，並非馬上就變成非常有能力的超人

人只是因為升為基層主管之後，比以前多了一份主管的職權和職責，如此而已。你不再像以前一樣，只要把自己分內的工作做好即可，你不但要把自己分內的工作做好，同時也要負責你的部屬把工作做好，這就是主管和非主管之間最大的差別。

你說的話，要比以前更為嚴謹

身為一個負有職責的基層主管，你的言行要比以前更為小心和嚴謹。如果有人問你某些有關與你工作上相關的事情，你不能再像以前一樣，非正式地或隨隨便便地回答，當你答了之後，如被誤解或造成困惑，你都要負責，不能以只是非正式或隨便說說為藉口，因此，在你說話的時候，你只有比以前更小心及嚴謹。

任何改革都等你進入狀況後再談

既然你已身為基層主管，你一定會有一些自己的看法和意見，你或許會覺得以前的某些做法和習慣有不妥及不合理的地方，為了實現自己的理想及觀念，你當然想改革，以改革來幫助你自己，以改革來實施你自己的

理想及觀念。但是這時你得要注意，如何決定一個適當的改革時機便變得非常重要了，事務上沒有人反對你改革，只是要求自己對所有的事情進入狀況或了解後再進行改革，是對你個人及事情成功最有利的。

試著提供意見及幫助你的同事

由於你剛晉升為基層主管，別人對你的印象及能力都不清楚。如何在你的適應期之內，試著以提供意見及幫助你的同事的方式，建立起人們對你的了解及信任，是獲得肯定的好方法之一。

所謂提供意見，即是將你以前的經驗毫無保留地提供出來，身為你目前同事工作的參考。而最後對方是否完全接受你的意見，或者只採用一部分，甚至全部不採用，這些你都不必介意，你只負責誠心誠意地提供你的意見，如何採用則由對方決定。

給人幫助原本就是不應要求回報的。由於別人需要，你提供你所能付出的，如此而已。也只有這樣，你才能透過提供你的意見及幫助別人，建立你自己給別人的信譽及別人對你的印象。

入境隨俗但不流於俗

在每一個公司裡都有一些習慣和別的公司不同，或是你以前不曾見過或不太以為然的。在你新任基層主管的時候如有一些事情發生，在你要應對和處理之前，你可以事先了解一下以前的主管是如何處理及應對的，他們的方式你能不能認同與接受？如果是能的話，你照著以前的方式做就可以了；如果不能的話，問題就非常複雜了。

此時你處理的原則，最好先了解他們以前處理及應對的歷史和背景，在了解了以後，再依據目前的狀況及你的認知，決定要如何處理和應對。

在合法的狀況下，進行一些改革是有必要的。如果不合法最好是避免。非做不可的話，記得要附上一份說明。這可減少一些不必要的誤會，也是新任主管要特別注意的地方。

光做官不行，要做事

基層主管好比尖刀排的排長，是一個需要帶領部下衝鋒陷陣的「官」，而不是可以悠然地坐在後方指揮所裡的司令員。基層主管在帶領部下「衝鋒陷陣」時，需注意以下幾點：

做「好事」而不僅是把事「做好」

我們對下屬，希望用他的「氣力」；對主管希望用他的「智力」。秦朝末年，楚國出現了兩個「主管」，一個是項羽，一個是劉邦。項羽力大無窮，劉邦手無縛雞之力、但結果卻是，項羽不但制服不了劉邦，反而被劉邦逼得在烏江邊自刎。臨死之前他痛苦地大聲哀嚎道：「不是我打不過人家，是天要滅亡我呀！」

所以對每一位主管來說，要「做對」而非僅僅是把事情「做好」！許多主管接到了主管的命令之後，一心只想把事情「做好」，不眠、不休、全力以赴。等到事情「做好」了以後，一看做錯了要重做，這一下子勞民傷財又要挨罵，真是得不償失。所以，真正精明的主管，一開始就下定決心要「做對」而非將事情「做好」，這是非常重要的。

用你的魅力影響部屬

一個公司要成功，單靠主管一個人的努力是不夠的，一定要大家一起團結起來才行。那要如何讓大家團結在一起呢？這就要靠主管個人的影響力，也是現代人所說的你的個人「魅力」。俗話說得好：「你能夠牽牛到水邊，但你不能令牛喝水。」說的就是這個道理。如何使自己成為有「魅力」的主管，自然要有一定的方法，不是光靠公司下命令就可以的。

能夠獨當一面

某企業的一名主管，在做每一件事情之前，他都要求上級經理將事情說清楚，丁是丁卯是卯。上級經理則老是跟他說：「這怎麼說得清楚，你自己看著辦好了。」他一聽馬上反應道：「我怎麼看著辦？我看著辦，那麼我不就變成經理了？」上級經理也老大不高興地告訴他：「如果都能說清楚的話，我也不用請你來當主管了，我請一個『祕書』就行了。」

學會忍耐

明朝時，一個姓丁的舉人要出外去做官。他的朋友李龜來看他，並對他說：「你要出去做官，一定要學著忍耐。」丁舉人唯唯稱是。接著，李龜又對他說：「你要出去做官，一定要學著忍耐。」丁舉人還是連應諾諾。過了不多久，李龜又對他說：「你要出去做官，一定要學著忍耐。」丁舉人不高興了，回答道：「那麼簡單的一句話，你嘮嘮叨叨講個沒完，你以為我是白痴呀！」李龜理直氣壯地教訓他說：「我才說了三遍，你就受不了，還說什麼會忍耐哦！」

規劃未來

公司主管最重要的任務，不是今天如何，而是要「規劃」將來如何。所以，對每一位主管來說，如何發揮你的前瞻性眼光，為公司「規劃」一個輝煌的未來，已是今天刻不容緩的工作了。因為只有公司有一個圓滿的未來，你個人的前途和人生才有希望，不是嗎？

光做事不行，要做人

主管，對公司來說，當然是希望他能「做事」。「做人」好壞，原本是和公司不相干的，但是在現實的社會裡，往往由於一個人不會「做人」，致使與別人的人際關係不好，於是他在公司「做事」時得不到大家的幫助，最後一事無成。所以，俗話說：「團結就是力量。」說的就是這個道理。因此，在公司裡，我們希望主管既要會「做事」，又要會「做人」，這都是缺一不可的。主管要如何做人呢？以下幾點是每一位想做好主管的人所必須要做到，同時也是應該親自去實踐的。

心存感謝

對每個人來說，在你的一生裡，只有短短的幾年才是你人生最「得意」和「輝煌」的日子，任何一個人都不可能一生都走運，平步青雲一飛沖天。因此，你今天有幸成為公司的主管，你一定要感激上級主管、同事、下屬他們給予你做主管的機會。然後，好好發揮全力以赴只有這樣做人，才能夠做好這份工作，別人也樂於幫助你。

精誠合作

對公司來說，只要是完成工作使命就好了，而不管是否由你主管親自完成，反正由你完成或你部屬完成，這筆帳都記在你頭上。身為主管的你，要有氣度，看到部屬成功，要給他們支持與鼓勵，因為對公司來說，光靠你一個人有本事，獨木最後還是不能支撐起大廈的。只有大家都有本事，共同努力奮鬥，公司才有長遠的發展。

開闊的胸襟

許多人做了主管之後，就以為自己不得了了。表現在行為上，就是趾高氣揚，處處不饒人。當然，你在位置上，你有「辦法」和「權利」，人家一下子搞不過你。但是，當你周圍的人都對你產生怨恨的時候，你這主管的位置就做不長了。因為，大家既然能夠扶你起來，自然也能拖你下去。這就是「水能載舟，亦能覆舟」的道理啊！

欣賞他人

光會欣賞自己沒用，只不過讓自己自尊自大而已；會欣賞別人就能從別人的身上吸取些長處。因此，只有會欣賞別人的人，才能在這競爭激烈千變萬化的社會中立足、生根、成長。人生的目標到底是為了什麼呢？說到底還不是要爭取成功？朋友，快一些覺悟吧！

反思自己

所謂：旁觀者清，當局者迷。對當事人來說看不清楚的事情，旁觀者往往看得一清二楚。今天，你看到了別人的缺點，先不要高興，想想自己有沒有同樣的毛病，所謂：有則改之，無則加勉。就是這個道理。更重要的是要以一種悲憫的心情來看別人的缺點，看到別人有了缺點，自己要如何幫助他、改正他。而不是看著他「完蛋」或「出醜」，最後事情弄砸了，身為同事的你也還是要受影響，而不是他一個人負責。

求同存異

你今天之所以會成為基層主管，就是你有著許多別人沒有的好條件及對待工作的態度但是，當你在和別人「共事」時，你就會非常驚訝地發現，為什麼許多事情你做得到，別人做不到？於是你會要求別人跟你一樣，如何如何。其實，這是很沒有必要的。因為，人和人之間原本就存在著個別差異」，今天你之所以會成功，成為公司的基層主管，就是由於你的與眾不同。如果大家都跟你一樣，你也不是什麼主管了。這裡有個比方，好比你一個人種西瓜，今年豐收，那麼你就發財了。如果，大家都種西瓜，今年豐收，那麼你就倒楣了，因為太多的西瓜賣不出去了。

光做人不行，要做「神」

所謂做神，並不是指利用迷信去糊弄下屬，這裡所指的做神，是做下屬的保護神。

當好下屬的庇護人

主管經常會處於兩難境地，既要保住公司的利益，又要安撫下屬。因此管理下屬無疑必須具備極大的耐性、一個人的地位越高，往往越無法了解下屬們對你的看法，因為下面的人總是小心謹慎地觀察主管的一言一行、有的主管工作不順利時，難免會發牢騷，此時，下屬也可敏感地猜疑：「主管處境不妙，是否會將責任推給我們呢？」這樣一來上下級關係就要難相處了。

其實，身為主管在員工面前發些牢騷並無大礙，關鍵是發牢騷時一定要掌握好分寸，千萬不能把工作上的不順利歸罪於員工的不努力，而是要勇於承擔一切責任，充當下屬的庇護人，只有這樣才能贏得下屬的信賴與愛戴，我們身邊就有過這樣的事，某科長動不動便指責下屬，與員工的關係非常僵。某天，科長的主管——一位處長，怒氣沖沖地跑進科辦公室，無視科長的存在，對一位起草工作報告的科員說：「你寫的什麼報告！」此時，這位經常指責下屬的科長卻站了出來，說：「是我要他這樣寫的，責任由我來負責！」

從此以後、該科的氣氛完全變了，科長雖仍如同過去一樣動輒批評下屬，但員工對科長的態度卻與從前不相同了。他們意識到「科長是真的在替我們著想」，並由此產生主管與下屬間的信賴關係，整個辦公室充滿和諧的氣氛。

幫助下屬轉換心境

當你看到下屬獨自加班到深夜時，你會如何表示？也許只要說一句：「辛苦了！」便能使下屬感到極大的安慰和鼓勵。然而，視時間和場合不同，有時讓下屬暫停工作可能會產生更好的效果。

一般而言，既努力工作而又懂得玩樂的人，必是精明幹練之人，他善於將工作及休息做適當的安排和調整。下屬充滿幹勁、執著工作固然難能可貴，但絕不能陷於固執。因為人們固執於某事時，就會感到身不由己，對於事物的觀點也會變得固執己見。如果能在工作之餘盡情遊玩，避開固執的念頭，便可保持以新奇的眼光觀察身邊事物的活潑心態。

然而，對於工作閱歷較淺的下屬而言，與其說是不善於轉換心境，不如說是不善於掌握此種轉變的時機。在工作陷於僵局時，越是想以固執的幹勁予以克服，對於事物的觀點往往越是局限、狹窄，並使原有的意願大打折扣主管在目睹此種狀態時，不妨利用適當的時機轉換其心境，這也可說是身為主管應有的職責。

所謂轉換心境，即令下屬停止工作。當然，也可將一些小事轉交給他去辦。總之，只要立即中斷其陷於僵局的工作即可，這樣，當其重新回到原來的工作上時，必然可以從不同的角度找到解決問題的辦法。

如何輔佐你的主管

對於基層主管的職責，大致可從三方面來說明：即是處理主管、同僚及下屬的關係。對主管來說，他要輔佐主管，達到部門及主管的工作目標；對同僚來說，他要與人協調溝通、相互支援、共同朝公司的使命努力；對下屬來說，仍是由下屬的努力，達到主管所交付的工作任務。

把主管交代下來的工作做好

把主管交代下來的工作做好，是基層主管對主管最重要的輔佐。如果連這一點也做不好的話，其他輔佐主管的方法及事項，都是無法談及的了。

把主管交代下來的工作做好，並不完全是被動的。不能上面講一下才動一下，不講就不動。要想把事情做好，應該掌握正確的做事及工作的方法。

對於自己分內該做的事，不要等主管開口，就應該主動地把它做好，這是每個工作人員應該要做到的。你這樣要求自己，也要這樣要求你的部屬什麼事如果都要等到主管開口才動手去做，不但難做好，就算做好了主管也不一定會滿意。他會認為：「自己該做的事，為什麼一定要等我講才做呢，主動一點不是更好嗎？」

對於主管交代下來的任務，如果一開始就有困難，無法如期完成，就要明確地表達出來，同時提出你的困難點及所需要的協助。當然，不能為了推卸責任和不願意負責，在每次主管交代你工作的時候，就提出一大堆問題和困難，這種不正確的工作態度，除非你馬上就要退休或不想做了，否則是不應該有的。

你覺得這項任務有困難，那麼在提出你的困難點及需要的協助之前，你要設法以自己的力量，看看能不能解決，如果能夠的話，你多付一些或利用額外的時間及關係，就把它解決了。要知道今天是主管交給你的工作，如果你卻提出一大堆問題讓主管替你解決，到時候誰也搞不清楚，到底是你要替主管完成工作，還是主管要替你完成工作？

在事情做到一半卻發生重大困難及阻礙的時候，先自己想辦法克服困難。可以口頭上向主管報告一下，聽聽主管的意見或看法，或許對你來說的困難和阻礙，從主管的角度來處理是很容易解決的。萬一問題沒那麼容易克服，也要讓主管先知道事情並沒有那麼順利；這樣的話，若最後完成工作的時間有些延誤，也會得到主管的諒解。如果有真的無法完成任務的情況出現，主管也可以早做最壞的打算。

等事情做完後才發現將事情搞砸了，此時你得馬上向主管報告，不是報告搞砸的原因及「錯不在我」，要你報告的是搞砸的程度以及和原目標的差距；萬一要補救的話，從哪個方向下手，會較有利。事情已經搞砸了，誰對誰錯已經不重要，重要的是下一步該怎麼走，怎麼走才能補救得最多？

最糟的是將事情搞砸了，還不敢向主管報告，以為拖一天算一天，看看有沒有奇蹟出現，或是編些理由偽裝一下成果，等到主管知道事情搞砸的時候，不但已經無法做任何補救，甚至連一點心理上的準備也都沒有。這種陷主管於不利的做法，不但主管不能饒你，別人也饒不了你的主管。

主動地協助主管克服困難、解決問題

如果你不是主管的親信，他的困難和問題就不會告訴你，因此你也幫不上他什麼忙。但你要用你敏銳的感覺去發現主管的困難和問題，同時又能想出有效的對策，幫主管解決問題、克服困難，這自然是輔佐主管的最佳方法。

你在做這件事的時候，一定要注意的是不可張揚。如果你發現主管有困難和問題，在未經其同意的狀況下，向公司內外張揚，這不但不是輔佐主管，反而是在製造問題。

沒有絕妙有效的對策，原則上還是不要隨便提出來，因為你的主管已經被困難和問題所困擾，沒有心情和耐性聽你的那些不成熟的意見和方法，如果問題像你想得那麼簡單的話，也不會困住他了，你不但不是幫助他，反而是在替他製造麻煩。

平常就主動地為主管對還沒發生的問題和困難，預留解決的方法，不吭氣，也不宣揚，等到有一天，主管的問題真的發生了，困難無法克服了，別人都沒有辦法，大家一籌莫展的時候，你提出辦法，解決了問題，克服了困難這是你的高明處，也是你之所以被主管及別人肯定的原因。

輔佐你的主管是基層主管的責任，也是職責，但有時這項工作有賴於技巧和你的聰明才智，不是每個人都做得來的。

怎樣管理你過去的同事

當你晉升為基層主管職務的時候，你首先面臨的一個問題，便是原先的工作夥伴和同事，一下子變成了你的部屬，而你成了他們的主管。這種角色的互換，不但你自己一時適應不過來，你目前的部屬也一樣。這是極自然的事，但是不適應本身就是一項挑戰和危機，你要謹慎面對，否則有可能把你多年努力所獲得的一個「轉機」，平白無故地變成了人生的「危機」。

在你的那些舊同事裡，除了資歷比你短、能力比你弱的之外，自然還有一些資歷比你久、年齡比你大、能力經驗也不比你差多少的，此時你所面對的，已不是你新任基層主管的喜悅，而是由一些惶恐、心虛和歉疚所融合起來的綜合情緒，這種情緒是你以往所不曾擁有過的，這是造成你緊張不安的主要原因。

當然，你也得自我反省及肯定。或許你不是最好的，在公司裡有人比你更優秀，但是既然你已坐上了這個位置，你就大可不必太惶恐、太謙虛——當然，你也不可以馬上變得冷漠而傲慢，讓他們感覺你晉升了之後有了擺架子，不理人了。

在你沒有晉升以前，公司裡一定有一些和你特別熟悉及親近的同事。如果有的話，你要特別注意了。首先，在公開場合你要變得稍微收斂一些，以免給別的同仁帶來太大的壓力；在工作上，則一定要「對事不對人」，不能給你熟悉的人有任何禮遇及優待。而在私下裡，他們原本即是你的親密朋友，自然是應該維持以往的關係，這是合情合理的。

原來就和你不太合得來或不來往的同事，在你升了基層主管之後，你要主動地去接近他們。在你未當主管之前，他不理你，你也不理他，反正各做各的，原本就沒有什麼瓜葛，這沒關係。但現在不一樣了，你當上了他的主管，他可以依舊不理你，講一下才動一下，但是你能忍受這樣的局面嗎？如果不能，你就得主動地化解你倆以前的隔閡。其實以大事化小，原本就是做主管的一項基本訣竅，更何況那些原來與你不合或不來往的同事，見你升了基層主管，雖然心裡不是滋味，最起碼他們也不想得罪你。如果你能主動地先去找他們，同時示好，那麼以前的任何誤會，都可以一筆勾銷了。這有利於你以後工作的開展，也展示了你寬宏的胸襟。

如何對待能力不足的下屬

任何新任的基層主管都會發現，他的下屬中總有那麼一些人，儘管工作態度很認真，能吃苦，聽指揮，但工作總是做得不如別人好，有些力不從心。其中有些人常常變得精神頹廢，沒有幹勁，自暴自棄，見人不敢抬頭。對於這些人如果放棄不管，無論是對公司還是對他們個人，都是極大的損失。

一般的主管往往只垂青於那些才華橫溢、有突出成就的人，經常表揚他們，提拔他們，而很少注意這些能力低、成績差的人。這樣做實際上是不懂怎樣調動人才、培養人才，因為在一個公司裡，才能出眾的畢竟只是少數，而才能平庸和低下的則是多數。如果扔下這些人不管，整個職工隊伍素養就很難得到提升。那麼，怎樣幫助這些人呢？

- **消除自卑感**：人有了自卑感後，即使有能力也難以發揮出來。其實，除了少數能力特別突出的人外，其餘人的能力相差並不大。如果能讓他們增加信心，消除自卑感，他們甚至可以取得與能力強的人一樣的成果所以，主管要親近這些人，多與他們進行交流，列舉他們的優點和成績，證明他們並不比別人差多少，也一樣可以做得更出色，從而激發了他們的上進心和自信心。
- **給他們特別待遇**：對這些下屬，需要比對別人多花一點精力。給其他下屬安排工作，交代清楚就可以了；給這些人安排工作，要更明確、具體一些，不僅要交代任務，而且要教方法，在其完成任務的過程中，要加強指導，幫助他們克服困難，清除障礙，使之不斷增加經驗，滿懷信心地發揮自己的才幹。

需要指出的是，身為主管，你不能親自教他們一輩子，必須在提升他們自身能力上下功夫。也就是說，對能力普通的人，最好的辦法不是責罵他們，而是想辦法使他們學會多動腦筋「自己飛起來」。

- **不要損傷他們的自尊心**：能力普通的人自卑感強，自尊心也很強面對這樣的下屬，安排工作時不要損傷他們的自尊心需要批評時，也要婉轉，否則容易使他們產生敵對心理，或從此自暴自棄，自甘墮落。
- **讓他們先出成績**：安排工作時，找一些相對容易的工作讓他做，完成得好，有了成績，哪怕是小小的成績，立即表揚鼓勵，讓他們從自己的成功中看到希望，增強信心隨著其能力不斷提升，對他們的要求應不斷提升。相信過不了多久，他們的能力就會有很大的提升。
- **必要時給點壓力**：對於能力普通的下屬，給他們特別待遇是必要的，但也不能因此而嬌慣他們，讓他們過於輕鬆特別是當他們的能力有了一定提升之後，要時常給點壓力，或用語言「點」一下，或是用別人的事例「激」一下，或是在工作上適當「加點碼」，使他把壓力轉化為內在動力。

有下屬不服，怎麼辦

對於你的晉升，總有一些人認為不公平或不合理，甚至認為這次的晉升應該是他，而不是你；或許是上面的人搞錯了，有可能是上面的人徇私偏袒。你升了基層主管雖然是事實，但總是有人不這麼想。他們主觀地認為，這是一項錯誤、不公平及偏袒的晉升，上面的人一定會後悔、會更改，到最後這晉升的人還是他，不是你。於是來自他們的抗爭、不合作，絕不是用理性及理論所能克服的。

時間是處理這一類糾紛的最好武器。其實你可以什麼事都不解決，只等時間過去，讓時間來證明他們的想法是不對的，讓時間來淡化他們原來

的想法，漸漸接受你是他們主管的這項事實。沒有一種方法及一項武器，能夠比時間能更有效地化解這一類糾紛和困擾。唯一值得要擔心的，不是時間這一項武器和方法失效，而是你自己撐不下去，被時間擊潰。

孤立是應付這一類問題的另一項有效的方法和武器。對這些有問題的人，你先不要急著消滅他，只要先把他孤立起來，慢慢地不用你去消滅他，他自己就會瓦解的。孤立雖然不是一件很容易的事，但基於你是他們主管的有利位置，只要你在技巧上能有所發揮，這也不會是很難的。最糟的狀況是你孤立他不成，卻被他孤立了。

你要把你的業務放在工作上，只有出色的工作成績，才能徹底粉碎那些蜚短流長。

如何與下屬進行交談

與下屬交談是基層主管工作與應酬中經常的事，也是基層主管必須掌握的一門技巧。

- **善於激發下屬講話的願望**：留給下屬講話的機會，使談話在感情交流過程中完成資訊交流的任務。
- **善於啟發下屬講真情實話**：身為主管一定要克服專橫的作風，代之以坦率、誠懇、求實態度，不要以自己的好惡顯現出高興與不高興的態度，並且盡可能讓下屬了解到：自己感興趣的是真實情況，而並不是奉承的假話，這樣才能消除下屬的顧慮和各種迎合心理。
- **善於抓住主要問題**：談話必須突出重點，扼要緊湊。要引導和阻止下屬離題的言談。
- **善於表達對談話的興趣和熱情**：充分利用一切方法——表情、姿態、插話和感嘆詞等，來表達自己對下屬講話內容的興趣和對這些談話的熱情，在這種情況下，主管的微微一笑，贊同的一個點頭，充滿熱情的一個「好」字，都是下屬談話的最有力的鼓勵。

- **善於掌握評論的分寸**：聽取下屬講述時，主管一般不宜發表評論性意見，以免對下屬的講述起引導作用，若要評論，措詞要有分寸。
- **善於克制自己，避免衝動**：下屬發現情況後，常會忽然批評、抱怨起某些事情，而這客觀上正是在指責主管。這時你一定要頭腦冷靜、清醒。
- **善於利用談話中的停頓**：下屬在講述中常常出現停頓。這種停頓有兩種情況：一種是故意的。它是下屬為檢查一下主管對他談話的反應、印象，引起主管做出評論而做的，這時主管有必要給予一般性的插話，鼓勵下屬進一步講下去。第二種停頓是思維停頓引起的，這時候主管應採取反問、揭示方法，接通下屬的思路。

另外，在業務時間進行的無主題談話，是在無戒備的心理狀態下進行的，哪怕是隻言片語，有時也會得到意外的資訊。

如何面對下屬的失誤

身為一名剛剛從普通職員升為主管的負責人，遇到此類突發情況，一定要保持冷靜的心態。

主動承擔責任

主動承擔責任能展現一個主管應有的氣度和修養，也能得到員工們的理解和尊敬。切不可不問青紅皂白，一味指責員工，一副居高臨下、盛氣凌人的作風。

雖說是屬下惹的禍，但你硬要他自己去收拾殘局，礙於職權的限制，他恐怕也不會取得什麼滿意的結果，很可能問題最後還要回到你這裡。如果你親自去處理，由於對問題不甚了解而心裡沒個底，同樣不利於問題的解決。如果你與當事的屬下共同去面對來興師問罪的顧客，不僅大大增加了解決問題的可能性，而且剛剛升遷的你可能會受益匪淺。

首先，你的出現會贏得人心。在外人面前主動承攬責任，會減輕屬下的包袱，他會感激你。同時也會贏得其他屬下的人心，讓人們看到你這個新主管有勇於承擔責任的勇氣。其次，你的出現對顧客來說，能夠表現出部門對此事的重視和誠意。在解決問題和協調雙方利益時，你的意見較具權威性，可以更好地維護部門利益。對你而言最能受益之處在於，透過此事你能掌握發生失誤的具體原因，並聯想到部門其他業務也可能出現的差錯，增強全面防微杜漸的意識。

要寬容

對犯錯誤的人，需要嚴肅，也需要寬容，所謂寬容，就是按照允許犯錯誤、允許改正錯誤的原則做事，對犯錯誤的人採取寬恕的態度，實行從寬政策。特別是對於因大膽探索而造成失誤，因經驗不足而造成失敗，因出現複雜的新情況而造成差錯，更要寬容。如果偶有失誤就把人撤掉，或嚴厲責罵，下級就會失去銳氣，不敢再露頭角，變成謹小慎微只求無過的人，對工作不敢進行任何創造，這樣自然也不會取得成績。而且，如果犯過一次錯誤便毫不寬容，下級的更換勢必頻繁，主管職位的穩定性、連續性將無法得到保證。這樣做，實質上是不允許人犯錯誤。寬容是幫助的前提，不懂得寬容就談不上任何幫助。但寬容不是無原則的遷就，不是寬大無邊，而是在政策原則允許範圍內，盡量做到寬大為懷。

注意開導

有的下屬一旦出了差錯，犯了錯誤，就陷入低迷狀態，把自己孤立起來，並從此一蹶不振。遇到這種類型，必須找下屬開導溝通。要使其明白，出差錯是難免的事。犯錯誤、失敗都不可怕，可怕的是不懂得怎樣對待錯誤。真正聰明、有身為的人，是善於從錯誤中學習的人。人若能從錯誤中真正學到知識，能力必然會有大的提升。在此基礎上，你再指點他應該從哪裡著手，先做些什麼，後做些什麼，以便盡快對失誤進行補救，挽回遺失的面子，以新形象出現在眾人面前。

事實證明，越是自尊心強，越是需要主管的引導。經過引導之後，那些愛面子的心理就會轉變為奮發圖強的決心。

為下屬改正錯誤創造一個有利的環境和條件

下屬犯錯誤後本身就有一種自卑感和壓抑感，情緒低落。此時，做主管的要比平時更主動、更熱情地接近他，關心、鼓他，使他堅定改正錯誤的決心和信心。同時還要做他周圍人的工作，讓大家不僅不歧視他，而且要主動接近他，使他盡早擺脫低迷的困境。

犯錯誤的人有了改正錯誤的決心以後，主管要設法為其重新奮起創造條件。辦法可因人因事而異。對於那些因不善於處理問題而犯了錯誤的人，主管得循循善誘，告訴他如何分析問題，解決矛盾，處理關係。如果是業務不熟，經驗不夠，可以多給他一些學習和實踐的機會，並指定業務水準高、經驗豐富的人負責對他進行具體幫助。如果其能力低於他所擔負的工作的需求，就可以給他一份他能勝任的工作，讓他搞出成績，建立較強的自信心。

與令人頭痛型下屬的來往原則

有些下屬性格乖戾，令人頭痛，但身為新任主管的你，必須坦然去面對，不能夠躲躲閃閃，因為這正是你建立威信的絕好契機。

與令人頭痛型的下屬來往，要講究一定的策略，不能憑一時之快，那樣往往會把事情弄得更糟，同時也讓你的頭更加痛。下面是針對幾種常見的令人頭痛型下屬來往的技巧。

講大話的下屬

溫良恭儉讓，仁義理智信。也許是傳統的處世哲學對人的束縛太深了，以至於那些少數桀驁不馴、口出「狂言」而後又沒有成功的人，往往成為人們譏諷和嘲笑的對象。其實這是極不公平的。

寬容

面對激烈的市場競爭，你的下屬對艱巨的工作任務不是瞻前顧後，怕這怕那，而是信心十足地去承諾並圓滿的完成，這本身就是一種負責任的工作態度。試想，如果一個人對事情連想都不敢想，說都不敢說，又如何去實現呢？當然，說出「大話」後由於種種原因沒有做到時，下屬內心的尷尬與痛苦是可想而知的。身為領導者，你應該寬容待人，去主動及時地安慰、鼓勵下屬，告訴他有些事情結果固然重要，但更要看過程，只要確實付出了、努力了，沒有成功也沒有關係，問心無愧，下次再來。

寬容下屬，不久你這位「明君」就會發現，當你的部門再有什麼更具風險、更具挑戰性的工作需要員工去完成時，下屬中保證不會有逃避責任的「膽小鬼」，而一定是爭先恐後地「交給我辦吧！」

寬容下屬是對下屬的最好鼓勵，它對培養下屬的忠誠度很有幫助。

幫他打圓場

身為一個領導者，應該為講大話的下屬盡力地打圓場。比如：若他曾誇口說自己將完成大量的工作，而實際沒有做到，應該在全體下屬的面前說明這麼多的工作一個人是絕對沒有能力可以獨立完成的。另外，還可以在其他同事面前重塑一下他的自信：交給他一項他力所能及的「艱巨」任務，完成後再讚賞一番。如此這般，也能十分有效地令人淡忘他曾經的過失。還有，你可以連繫其他一些同事為他創造輕鬆和諧的氛圍，防止他在今後的工作中故步自封。

主管與下屬是榮辱與共的生命共同體，幫助下屬擺脫尷尬也是在幫助自己，同時還可以換來下屬的感激，何樂而不為？

當然，對待那些大言不慚，再三吹破牛皮仍洋洋得意的下屬，則要區別對待了對這類下屬應該批評，其批評方法可參閱本章「如何批評下屬」。

自私自利的下屬

這種人總是以自我為中心，不顧及旁人，一事當前，先替自己打算，以自我利益為最高利益，稍不如意，就會反目成仇。

與這類下屬來往的原則是：

- 滿足其合理要求，讓他了解到，你絕不難為他，該辦的事情都辦。
- 拒絕其不合理的要求，委婉地擺出各種困難，巧妙地勸其不要貪得無厭。
- 做事公平。把你的一切計畫、安排、利益分配方案等公之於眾，讓大家監督，使你自身從直接責任當中擺脫出來，以免他與你沒完沒了地糾纏。

- 曉以利害，講清貪小利失大利的弊害。
- 在可能的情況下，盡量做到仁至義盡，令他感激你。
- 必要時，帶動他幫助其他朋友，以體會助人的快樂。

爭強好勝的下屬

這種人狂傲自負，自我炫耀、自我表現的欲望很強喜歡證明自己比你有才能，比你正確，輕視你，甚至也可能嘲諷你，想把你擠下去。

與這類型下屬來往的原則是：

- 不必動怒。自以為是的人到處皆有，這很正常。
- 不必自卑。你就是有再高的才能，也不會在各個方面超過所有的人，誰都既有長處，又有短處。
- 仔細分析下屬這樣表現的真實用意。一般下屬只有在懷才不遇時才會表露對主管的不滿。如確實如此，就要為之創造條件，展現才能。當許多重擔壓在肩頭時，他便會收起自己的傲慢態度。
- 確屬自己的不足之處，要坦率地承認，並予以改正，這樣他便沒有理由再嘲諷你。
- 不必壓制他。越壓越不服，矛盾會越來越嚴重。
- 對不諳世故者，可予以適當的指點。語重心長、有理有據的談話可改變對方的認知。

自我防衛型下屬

這種下屬自尊心脆弱，特別敏感、多疑，特別注意他人的評價，唯恐主管對自己有不好的看法一個不滿的眼色也會令其心事重重，悶悶不樂。對人存在戒心，缺乏自我安全感，心理防衛機制較強。

與其來往原則：

- 尊重他的自尊心，講話要謹慎，不可流露出輕視之意，多欣賞他的才幹，以此博其好感和信任。不要隨便否定他的努力及成績，以防對你產生敵意。
- 切忌當他的面指責、挑剔別人，也許他會因此懷疑你也在背後議論、嘲諷他，從而敬而遠之。
- 有困難時，多幫助他，少提建議。建議過多，會讓他產生一種壓迫感，覺得自己什麼都不行，主管不信任他。你只要做給他看，就達到了指導的目的，並會令他感謝你。

性情暴躁的下屬

性情暴躁的下屬往往缺乏學識修養，或存在反社會行為，其蠻橫無理、蔑視權威、有恃無恐等習性就將對你構成較大的威脅。

與其來往原則：

- 這種下屬一般都非常講義氣，重感情，如果平時能真心將他視為朋友，多方關照，他會感激並盡力報答你。
- 這種下屬頭腦簡單，你可在平日的談話中，引經據典，談古論今，分析事理，吸引他向你的思維習慣靠攏。這樣，在他衝動時，你才會有威信使他聽從你的建議。
- 不要忘了隨時讚揚他。這種下屬是自大狂，喜歡被人吹捧、奉承，其膽大包天之舉不許他人譏諷、否定。「順水推舟」的讚揚才可產生「誘敵深入」的效果。

孩子氣的下屬

工作中，你常見不懂事理的下屬，這是因為年輕、經驗、閱歷、個性修養等多種原因形成的。這種人不成熟，與之來往很難得到回報，你播下的是「龍種」，收穫的也可能是「跳蚤」。他不領會你的真實用意，有時還會聽信別人的挑撥，與你離心離德。

與其來往原則：

- 不要對其求全責備，用「人無完人，金無足赤」來寬慰自己，力求理智。
- 多尋找與其交流、溝通的機會，把你的思想、見解在自然的來往中滲透進去，以免由於缺乏了解而產生誤會。
- 始終不渝地用你的真誠、善良去感化他，不要動搖，他畢竟是可以成熟起來的人。
- 把握時機地向其傳授社會經驗、社會來往知識，幫助他加快社會化的進程。尤其是對青年，這種指導更是極為必要的。

自以為是的下屬

在辦公室裡，你會發現有愛挑主管毛病的下屬。他們自以為是，對你的所作所為做出各種非議。甚至一些無關的小問題，他們也會添油加醋，故意渲染，搞得聳人聽聞。令人啼笑皆非之處在於，這種人貌似忠誠，似乎的確為你著想。他們所受的教育及生活環境無形中給他們加上了許多框框，束縛及眼界和手腳，其思想狀況、心態都非常拘謹，這種人活得很疲累，很艱難，放不開自己，不會自然地生活。

與其來往原則：

- 檢查自己是否有不注意小節的地方。
- 引導他們多參加各種社交活動，接觸的生活面越寬廣，他們的思想也會越解放。
- 多徵求他們的意見，了解其內心活動內容，以便有針對性地採取措施。
- 就其最不合理的某個觀點，發表評論攻其一端，讓他有自知之明。
- 不能排斥這種人，他們最易成為你忠誠的朋友。這種人不虛偽，能以真心待人。

婆婆媽媽的下屬

絮絮叨叨，沒完沒了，這種類型的人以女性居多。因為其心態差，承受能力有限，遇事隨忙成一團，無法穩定，心態動盪，有時真是吵得你心煩。

與其來往原則：

- 事先把該交代的都要講得一清二楚，不要留下漏洞，以免他做更多的詢問。還可把有關要求形成書面資料，令其查閱，多用眼，少用嘴。
- 在他嘮叨時，千萬不要發怒，要盡力以冷靜的微笑對待，既表示尊重，又使他不知你的底細。
- 你的回答必須有分量，令其心服有了信任感，他便會言聽計從。
- 搞清情況後再發言，絕不能出爾反爾，因為這樣的習慣會給他留下討價饒舌的餘地。
- 注意你的風度，穩重、豁達的舉止如鎮靜劑，可產生威懾力量。

如何化解與下屬之間的矛盾

在這個世界上，矛盾無處不存，無所不在新任主管無論如何優秀，與下屬都會存在或多或少、或大或小的矛盾。主管與下屬有矛盾是正常的，沒有矛盾反而不正常。新任主管的思考水準，個性素養，管理才能，主管藝術，恰恰就展現在這裡。

正確地了解矛盾

正確了解矛盾，除了承認矛盾存在的正常性外，還要承認你與下屬的矛盾是工作上的矛盾，是「人民內部的矛盾」。

把矛盾消滅在萌芽狀態

上下級相來往，貴在心理相容。相互在心理上有距離，內心世界不平衡，積怨日深，便會釀成大的矛盾。把矛盾消滅在萌芽狀態並不困難。

- 見面先開口，主動打招呼。
- 在合適的場合，開個適當的玩笑。
- 根據具體情況做些解釋。
- 對方有困難時，主動提供幫助。
- 多在一起活動，不要竭力躲避。
- 戰勝自己的「自尊」，消除彆扭感。

允許下屬發洩怨氣

主管工作有失誤，或照顧不周，下屬當然會感到不公平、委屈、壓抑。不能容忍時，他便要發洩心中的牢騷、怨氣，甚至會直接地指斥、攻擊、責難主管。面對這種局面，你最好這樣想：

- 他找到我，是信任、重視、寄希望於我的一種表示。
- 他已經很痛苦、很壓抑了，用權威壓制對方的怒火無濟於事，只會關係惡化。
- 我的任務是讓下屬心情愉快地工作，如果發洩能令其心裡感到舒暢，那就令其盡情發洩。
- 我沒有好的解決方法，唯一能做的就是聽其訴說。即使很難聽，也要耐著性子聽下去，這是一個很好了解下屬的機會。

如果你這樣想，並這樣做了，你的下屬便會日漸平靜。第二天，也許他會為自己說的過頭話或當時偏激的態度而找你道歉。

善於容人

假如下屬做了對不起你的事，不必計較，而且在他有困難時，你還不能坐視不管。你要：

- 盡力排除以往感情上的障礙，自然、真誠地幫助、關懷他。
- 不要流露出勉強的態度，這會令他感到彆扭。不感激你又不合情理，感激你又說不出口，這樣便失去了行動的意義。
- 不能在幫助的同時批評下屬。如果對方自尊心極強，他會拒絕你的施捨，非但不能化解矛盾，還會鬧得不歡而散。

得饒人處且饒人，容人者容於人，很快忘掉不愉快，多想他人的好處，才能團結、幫助更多的下屬。他們會因此而重新認識你。

不要剛愎自用

出於習慣和自尊，主管總喜歡堅持自己的意見，執行自己的意志，指揮他人按自己的意願行事，而討厭你指東他往西的下屬。

當上下級出現意見分歧時，用強迫的方式要求下屬絕對服從自己，雙方的關係便會緊張，出現衝突。戰勝自己的自信與自負，可用如下心理調節術：

- 轉移視線，轉移話題，轉移場合，力求讓自己平靜下來。
- 尋找多種解決問題的方法，分析利弊，令下屬選擇。
- 多方徵求大家的意見，加以折中。
- 假設許多理由和藉口，否定自己。

發現下屬的優勢和潛力

身為主管，最忌把自己看成是最高明的、最神聖不可侵犯的人，而認為下屬則毛病多，一無是處。對下屬百般挑剔，看不到長處，是上下級關係緊張的重要原因。研究下屬心理，發現他的優勢，尤其是發掘他自己也沒有意識到的潛能，肯定他的成績與價值，便可消除許多矛盾。

消滅自己的嫉妒心理

嫉妒是一個可怕的魔鬼，人人都討厭別人嫉妒自己，都知道嫉妒可怕，都想設法戰勝對方的嫉妒。但唯有戰勝自己的嫉妒才最艱難、最痛苦。下屬才能出眾，氣勢壓人，時常提出一套高明的計策，把你置於無能之輩的位置。你越排斥他，雙方的矛盾就越尖銳。爭鬥可能導致兩敗俱傷。此時，只有戰勝自己的嫉妒心理任用他，提拔他，任其發揮才能，才會化解矛盾，並給他人留下舉賢任能的美名。

該出手時就出手

對有些實在不知高低進退的人，必要時，你必須予以嚴厲的回擊，否則，不足以阻止其無休止的糾纏。和藹不等於軟弱，容忍不等於怯懦。優秀領導者需精通人際制勝的策略，知道一個有力量的人在關鍵時刻應自己維持自尊。唯有弱者才沒有敵人。凡是有必要的戰鬥都不能迴避。在強硬的主管面前，許多矛盾衝突都會迎刃而解。偉人的動怒與普通人的區別在於是否理智地運用它。

盲目地和藹與一味地容忍，你將威信全無，被人當軟柿子般吃掉。

如何批評下屬

下屬做了錯事，主管一味做好好先生也是不行的，這樣不但無形之中會助長做錯事的員工的氣勢，也會挫傷那些有能力的員工的工作積極性。所以，對工作出錯的下屬，適當的批評是必要的。

不要當眾指責下屬

有的主管喜歡在眾人面前斥責下屬，是想以此來把責任轉移到下屬身上，好讓上級、客戶或其他下屬知道，這不是他的錯，而是某個下屬做事不對，其實這是非常錯誤的做法。

身為主管，無論如何都應對公司的人與事負責任，一味強調自己的不知情，反而會在下屬及客戶面前暴露出你管理不力或由你所制定的管理體制不健全的問題，更糟的是，還會留給他人自私狹隘、爭功諉過的印象。

公司所出現的一切問題，身為主管你都必須負起這個責任，如果你以下屬為擋箭牌，逃避責任，身為替死鬼的下屬很可能因此自暴自棄，以後任何活動、任何工作再也不會熱衷了。

在發生問題的時候，主管確實不十分知情，該把有關人員找來，把問題問清楚，然後讓下屬繼續工作。主管應該負起責任處理問題，等上級或客戶走了，有必要糾正、責備時再嚴格執行處罰條例。

不要指責已經認錯的人

下屬在工作中有了失誤，並向主管認了錯，那麼不論是真認錯還是假認錯，主管都必須先勉勵下屬，然後，便可以順著認錯的思路繼續探討下去：錯在什麼地方？為什麼會犯這樣的錯誤？造成了什麼後果？怎樣彌補因這個錯誤而造成的損失？如果防止再犯類似錯誤？等等。只要這些問題，尤其是最後一個問題解決了，批評指責的目的也就達到了。

不能因失敗而指責

失敗是一種令人沮喪的事情，而最沮喪的便是失敗者本人。

失敗的原因是多種多樣的，或是做事的人不夠努力，或是做事的人經驗不足，再或者是由於某些客觀條件不夠成熟，甚至可能是由於巧合，偶然地失敗了。在所有這些原因中，除了主觀不夠努力而須指責外，其他都不能簡單地歸罪於失敗者。如果不分原委地指責失敗的下屬，必然無法獲得預期效果。

當然，也不是說失敗時一概不可責備，只是以下幾種情況下不宜責備下屬：

- **動機是好的**：同樣是失敗，如果動機是好的、沒有惡意的話，則不可指責。指責的目的是糾正和指導，只須糾正他的方法就可以了。反之，基於惡意、懶惰所造成的失敗，就須給予處罰。
- **指導方法錯誤**：由於主管或前輩的指導方法錯誤而造成失敗，當然也不能指責。要先弄清楚誰是該負責的人。
- **尚未知結果之事**：剛試著做或正在進行中的事，結果尚不明確，不能加以指責。否則，下屬就會沒有勇氣再嘗試下去，造成半途而廢的後果。

- **由於不能防止或不能抵抗的外在因素的影響**：這種情況當然不是下屬的錯，下屬沒有義務承擔這個責任。沒有責任就不能指責。

不要採用家庭式的指責法

主管與下屬的關係，與家長和孩子的關係不無相似之處，但又不盡相同。家庭是由有血緣關係的人組合而成的，由一種沒有任何東西可以替代的親情緊緊地維繫著。家庭中自然也有快樂與痛苦，但每人都責無旁貸地分擔著苦與樂，這和以勞動契約為基礎而結合的工作關係有著本質的差異。即使工作場所的氣氛非常融洽，也不可能是一家人。在家庭中，再沒有道理的指責，都可能因為特殊的親情連繫而得到諒解、理解。但在工作中，不適當的指責會給雙方關係帶來損害。日後無論怎樣苦心挽回，要恢復都是非常困難的。

不要指責自己也無法做到的事

古語道：「己所不欲，勿施於人。」身為上級，有些事自己去做也無法完成，那麼下屬做不好時，也就不能輕易地責備他們。當然，現代社會科學發達，社會分工越來越細，湧現了許多新的、複雜的、專門化的東西，主管是不可能樣樣精通的。連自己也無法做到的事就不應指責下屬，嚴格的要求，是難以說服下屬的。

切忌任意發脾氣

身為主管難免有情緒低落的時候，如果因為自己的情緒不好在而隨意指責下屬，很容易引起下屬的不滿及敵對情緒。

怎樣念好空降主管這本經

一般來說，主管產生的方式大致分為兩種：一種是在公司工作很久，然後升上主管的位置的，當然對公司的情況非常熟悉，運作起來也較為得心應手；另一種是從別的公司或其他部門調動或挖角，被稱為「空降部隊」。

新任基層主管原本就不是一件容易做的事，如果你是空降的基層主管，則困難度就比上面的情形（從內部晉升）大多了，空降主管可能有的壓力是來自部門內部，因為對他來說，他的新下屬全是陌生人，一方面他不了解下屬，另一方面下屬也不了解他，因此在管理的工作上，就有著許多不可預測的變數。

對不了解的事不要馬上下結論，以誠懇、親切的態度待人，這是必須的。先設法讓自己了解，等自己完全了解了，才可以下結論。在下結論前，最好先徵詢一下老員工及相關人員的意見，這對你的結論是有幫助的，至少不會使你原本以為對大家都有利的好事，被扭曲了本意，而你的用心被抹黑。

如果一定要帶自己信任的人起來空降，也不是不可以，但是開始的時候，人數不宜太多，可以先帶一兩個，慢慢地等時機成熟了再增加；一下子帶很多人進來，很容易和原來的舊人起衝突，產生壁壘分明的小圈圈，彼此相互抗爭。你自己新來，帶一兩個過去，當然也會受那些舊人的排擠，但由於你這一邊的人數少，只要你耐心地等，這種狀況容易改變；如果今天你帶一大群人過來，自成一個體系，那些舊人疑懼已深，你要化解也就難了，更何況你此時的狀況也已改變，你已不再覺得必須委曲求全，因為你自己也有一大群人，你個人要這麼做，你帶來的人也不見得會同意於是爭執似乎不可避免。或許你這一方也會勝利，但是，像這樣帶有太多殘酷色彩的結局，絕不是當初挖角你的主管要你空降的本意。

不要想一下子把舊有的習慣都改掉，一件件慢慢來，是更正舊有不良習慣的不二法門。先去了解那些習慣的歷史背景、產生緣由，再來要求改進或更正，同時對原來那些不良習慣的更改，你只是針對事，而不是針對人，這是非常重要的。很多舊有的積習，站在現在的立場來看或許是不合理和不合宜的，但當時的背景有可能使他們不得不這麼做。今天既然由你當家，你也看到這些不合理，於是你在經過協商、溝通後進行了更正，如此而已！這不值得大肆吹噓，或者嘲笑別人是笨蛋。如果你不知道這一點的話，縱使你在做事上面改革成功，但在做人方面，可完完全全地失敗了。要知道，做事失敗可以再來，做人失敗則難以再來。

不論是在正式還是非正式的場所，要想辦法把你自己的個性及做事方法介紹給你的部屬及同事。這種介紹的方式，本身沒有錯與對的絕對觀念，只是讓將與你在一起工作的人知道你的為人態度及做事的方法。這有一個好處，在你還沒有了解所有你要面對的人之前，讓他們對你先有一個初步的了解，知道你在做什麼以及將怎麼和你配合。這種化被動為主動的方式，是現代基層主管所必須具備的。因為對你來說，如果因為他們不了解你而胡亂猜忌，不如讓他們了解你而相互配合。

職業女性如何做主管

做主管難，做一名新上任的主管更難，做一名新上任的女性主管更是難上加難。

無論你如何能幹，一定會有人嫉妒你，尤其是那些年紀比你大，資歷

比你深的人，他們會以為做主管的應該是他而不是你！許多公司的經營決策階層對於提升一個女性主管，要比提拔一位男性小心謹慎得多，原因是一位女性主管要面對的屬下負面情緒遠比男性大得多。很多男人對於受到同性管理覺得理所當然，但是對受制於女性主管卻非常敏感；而女性下屬對於同性主管的態度，又很少有人是誠心誠意的。因此，假如你是女主管，你會發覺很少有人肯心甘情願地為你工作……這時你在管理時所採用的方式將會對你的管理效率產生極大的影響。

基層女主管要將工作成功地開展，需學會把男性的剛毅與女性的溫柔藝術地結合。你可以嘗試從以下幾個方面著手：

重視自己的職業形象

在一般人觀念中，女性主管給人的印象是判斷力不強，膽量不夠，眼光短淺，心胸狹窄。要改變這一不佳形象，唯有以實際行動來表現自己的能力，女性的嫵媚溫柔也要適當地收斂。第一件要做的事，就是叫男朋友不要在你上班時常常打電話，也不要男朋友常常到公司接你，以顯示自己的工作責任感及起碼的獨立能力。

美國形象顧問沽蘭克說：「你在辦公室中的威信，五成來自別人如何看你。」也就是說，讓人認為你能力不凡，與你實際擁有能力一樣重要。任何有損形象的行為，如一上臺就腳軟，動不動就臉紅，一受挫就哭，或說話像非常幼稚的小女孩，這種種必定讓你只在原地踏步……

在辦公室中，你是一聲令下眾人稱臣的鐵娘子，還是三言兩語就委屈掉淚的嬌慣公主？如何塑立一個專業形象，讓你的主管認真看待你的能力非常重要。

一名 24 歲的大百貨公司採購員小芳說：「一次，我為公司爭取到一個品牌的代理權，在與市場部開會時，副總裁竟然親自主持。」

原本是一個表現才幹的大好機會，小芳卻緊張得漲紅臉，結結巴巴。「當時，我若是將精神集中在公事上，而不是對自己的臉紅耿耿於懷，那一切就會很順利，沒想到我卻慌慌張張，讓上級失去信心。」

之後，小芳的主管就減少她與高層接觸的機會，讓她空有才幹而不獲高層賞識。

在工作中淚流成河，前途往往也會大江東去，當你在主管面前因工作問題而淚眼汪汪，則會使得你無法面對壓力。

哭泣不但令你顯得軟弱、抗壓性差，公司也會考慮到，在面對客戶時萬一你又哭起來，那公司的形象也會跟著受損，於是削減你所負責的客戶數。

所以，如果你想成功，你就必須學習控制自己的情緒，處事不驚，一個訓練方法是將自己「分身」為兩個人。當你早上換了套服裝，準備上班時，想像你同時『換』了一個人，這人專業而冷靜多加練習，自信便能提升。

照章做事，公私分明

遇到涉及公事的事，要理智對待，不違原則。要果斷敢言，維護公理，主動對生活做出明智的選擇，表現出剛毅果斷的決斷能力，絕不能唯唯諾諾，處處讓步。

不要傷害男人的自尊心

男性自尊心非常脆弱，一遇到女人威脅到他的存在，便會產生抗拒心理。所以必須懂得在適當的時候維護一下他們的自尊，並誇獎他們一兩句。在眾多人面前，最好只讚美男方事業的成就，盡量避免產生不必要的誤會。

學會與各式各樣的人打交道

做一個主管，要學會和各式各樣的人打交道，和各階層的人做好關係，以便你做事的時候，能夠得到他們的合作和支持。

與男主管不要太親密

也許男主管不會討厭你的親密，但在旁觀者眼裡，你是有野心和有企圖的，隨之而起的流言可能會使主管對你想入非非或敬而遠之。

上下級之間的確可能建立友誼，但是友誼過頭，過多地參與老闆的祕密，就不太好了。親密的關係有一種平等化的效應，這可能扭曲老闆與你之間正常的上下級工作關係。即使老闆對你吐露的祕密僅僅局限於公司內部的事情，這仍會帶來麻煩。你介入的越深，越會發現自己的行動不自由，不過，閒時也可以彼此聊聊兒女的近況，現代成功人士總樂於展示他們賢夫良父的形象，無論他 38 歲還是 58 歲，兒女總在他生命中占有至關重要的位置。

第 8 章
如何做好中階主管

現在，你踏進了中階主管圈子，分管一個部門，你的人際關係更為複雜了。一個出色的中階主管不一定是最有才能的專家，最重要的是你必須善解人意、善知人性、善測人心，能夠用最誠摯的態度，對上對下做圓融的處理。你不是在應付事件，而是在解決問題。你既要明確自己的身分，但在處理問題時又能成為一個相對超然的人。

中階主管白皮書

由於往上有人管你，往下你又管別人，因此如果說中階主管應有什麼原則的話，最根本的是懂得應變的訣竅，不能用同樣的法則施於不同的主管或不同的部屬，而是需要相對的調適。在某種意義上說，人際關係是中階主管的必修課，這種課程不是教你使詐，而是教你做一個成功的人。

常聽做過中階主管的人說：對中階的主管來說，他的快樂是「我要」，而對中階來說，他的快樂是「他要」；對中層來說，他的職責是「我做」，而對中層的下屬來說，他的職責是「做好」。儘管這種近似調侃的描述有待商榷，但它說明了中層的特殊位置和微妙關係。身為中階主管，下述幾個要點是值得參考的：

不求補償的付出

一個人做一件事情，如果刻意想得到什麼酬賞，結果也許是一無所獲。相反，你若無心「插柳」，有時反而「柳成蔭」。身為中層人物，對上當然要顯示才華，但對下可萬萬不可顯示權威。你既要懂得，在中層與中層的人際關係中，什麼是你該做的，什麼是你不該做的，以免中層間的「越軌」或「排擠」；又要懂得哪些對下屬來說是輕而易舉的，哪些是下屬所難以勝任的此外，在處理錯綜複雜的人際關係時，對中層而言，最重要的應該是具有包容豁達的胸襟。

小盧是學動力系統的，學習的是地下管線的設計和安裝。應聘於一家大公司後，受命於中階主管。一次，要鋪設近一公里的電纜，需要找工程隊挖掘。有幾家工程隊前來商議，他選中了其中一家，可是老闆卻要他把各家工程隊的報價呈送給他審批，結果老闆選中了開價最低的一家。一星期後，仍未開工，下屬朝他叫苦，說那家工程隊連挖土機都沒有，靠幾把鎬和鏟在挖路。老闆把他叫去，責問他為什麼遲遲不能開工。他兩頭受氣，但不作申辯，而是憑藉關係向其他工程隊借來挖土機。事後，老闆了解了緣由，要獎勵他，而他卻在老闆面前反覆褒揚下屬如何能幹。這說明，用包容豁達的胸襟處理人際關係，這樣的付出遲早是有回報的。

絕對誠懇的給予

有些人對主管安排的任務可能挑三揀四，或推諉搪塞，而到了年終彙報時，卻用誇張方式大談工作成績，這樣的行為必定令人反感。中階主管必須對高層主管交付的任務或下屬提出的要求，作誠心誠意的承受，並設法給以圓滿的回答。

虛假的哄騙，或只應諾不去辦，都不是解決問題的辦法要知道，現在的人是絕頂聰明的，他也許可以承受你的乾脆拒絕，但絕不願做蒙在鼓裡的玩偶。爾虞我詐的交際手段，只能愚弄別人於一時，無法產生長遠的說服力。被愚弄者開始時也許反應較慢，但是一旦他醒悟，他的反應會比所謂的「聰明人」更強烈、更執著。結果，愚弄別人的人，往往自己品嘗被愚弄的苦果。

在「給」與「取」的關係中，給的越多，不見得取得越多。不過，付出的是一種「存款」，也許有一天會獲得超額的利潤。石油史上，約翰·戴維森·洛克斐勒（John Davison Rockefeller, 1839-1937）拚命付出，遂使他的後代得到「取」的頌揚。要使柳蔭成行，先得廣博植樹。同理，中階主管唯有經常「植樹」，方可於後來的某日占有「乘涼」的一席。

雙邊關係的溝通

上情下達或下情上達是中層的日常工作，對此，你必須放棄工作盲點，做一個懂得彈性支配的人。在主管眼裡，你是他的高級幕僚；在下屬眼裡，你是他的請示對象，所以你既要「做事」，又要「做人」。你凡事要衡量輕重，知所取捨，不能只做簡單的「傳聲筒」，而要做仲介的「篩檢程序」。替主管疏導瘀結，替下屬陳述困難，盡量不添主管麻煩，不擅作主張，做不該你決定做的事情。不要經常跑主管的辦公室，而是經常跑下屬的辦公室，切忌一人說了算，而應經常採納下屬的建議。要讓主管覺得你有遠見、有定力，處理問題冷靜、機警，有責任感，讓下屬覺得你有為有守，有所為有所不為，待人接物通情達理、謙和心誠。

中階主管不能隱瞞事實、捏造事實、渲染事實，而是應該實事求是，把所見、所聞、所知，經過明智的分析，進行婉轉而又合宜的傳達特別要注意的是，你不是最終決策人，不能亂作越權的主張，但你可以借助個人的智慧，讓主管做出你所希望的決策。

外爍內斂的情操

常言道:「知人不易，知己尤難」。一個自認了不起的人，實際上沒有什麼了不起。請記住，在我們最誤以為無用的人中間，也有不少智者，在我們最能幹的人中間，也有不少愚行。所以中階主管千萬不要輕視別人，動輒批評別人，甚至無故與人對立。你要站在別人的角度體諒別人的困難，這是謀求合作的捷徑。

起步的三個注意

你終於有了一個機會，你可以憑藉自己累積的專業與經驗來工作了。這個時候，有件事一定要反覆思考：你要做的事情，如何和別人有所不同。

絕對不能因為這個機會得來不易，就採取守勢，因循守舊，採用一些所謂保險與安全的方法。如果保險與安全的方法行得通，以前比你有資歷的人，就更可以把這件事情做好，輪不到你。

思考做一些和別人不同的事情，也就是所謂的「市場定位」與「市場區域」。你必須把自己的定位與區域，和別人清楚地劃分開來。這種劃分，有兩個原則可以參考：在策略上，一定要和別人有所區別；技術面上，一定要緊盯別人。

換句話說，設定自己的定位，一定要對自己有最大的信心，找一個最特別的方法，不必和任何人走同樣的路。但是，在執行這個策略的時候，你在方法和技術上則要吸取別人的經驗，取其長而補短。否則，你有最好的構想，卻沒有行動的能力。

這個時候，有一件事情一定不能放在心上：成敗得失。

事情的成敗，牽涉到很多因素，不完全是個人主觀因素所能控制的。我們唯一能做的，就是「多算勝，少算輸」。只要把我們所累積的能力和經驗做了最完整的發揮，即使輸了，也可以體會到自己在什麼地方有力量，又在什麼地方根本沒有力量。於是，我們沒有什麼遺憾，只須承認技不如人，回去把不足的地方再磨練，再加強就是了。

相反，如果一開始就為了成敗而患得患失，處處畏首畏尾，不進不退，那麼，就算僥倖成功了，你也沒學到經驗，失敗了，你也不確定到底

是什麼原因。日後，你要改進也無從下手，你要回去磨練改進，也無從磨練改進。

這個時候，還有一件事一定不能理會，即別人的眼光、注視，甚至關切。在你開始有這個機會時，就一定會引來別人的眼光。開始踏出和別人有所不同的步伐之後，你就會接受更多的注視。其中有正面的，有負面的；有善意的，有非善意的；有批評的，有建議的。你一律不要理會。這些都和你要做的事無關。

你要做的，只是掌握這個機會，把你所擁有的專業和經驗展現出來。

如果你的專業和經驗不夠，這個時候要因為別人的關切與建議而臨時抱佛腳，已經來不及。如果你的專業與經驗夠了，這個時候別人再批評再攻擊，與你無關你不必為之所動。所以，不管別人在偷笑還是在關切，都和你無關。

剩下的，只要腳踏實地去做就好。

轉變你的「官」念

談起管理，多少年來根深蒂固地延續著一套老做法，經常像呼吸一樣地自然表達出來，如：

- 主管是主管與員工之間的橋梁，負責上情下達、下情上傳。
- 企業如金字塔，有高層帥才，掌理決策；有中堅將才，負責計劃及指揮；有基層幹才，擔任執行。
- 管理不外是恩威並施，強調主管統御與績效的獎懲。

然而，這套傳統的做法，已經面臨著日益嚴重的挑戰。越來越多的管理人發現，自己所使用的這套東西不靈驗了。於是，大聲感嘆道：現在的主管太難當了！

美國著名的企業家布萊德說：「要想在當今競爭如此激烈的工商界立足，唯一的存活之道就是不斷地求新、求變。」的確，傳統的管理學必須要進行大刀闊斧地改革了。當然，我們對傳統的東西並非一概否定，而是要配合時代的需求和變化，在繼承中創新，在揚棄中求變。

但也有不少人仍習慣於舊有的管理模式，他們認為傳統的那套畢竟是經過時間與實踐的考驗，即使其中有許多東西已不合時宜，但比起新的東西來，至少要保險得多。就像現在蘋果手機都到 iPhone 14 代了，你也不太可能去拍賣網買 iPhone 5 代的二手產品來使用。

對此，我們不妨先用一側故事來說明。

一個連被派赴陣地，連長正在與排長研究作戰方案時，敵人已至。連長高聲道：「等一下，等我們集合好部隊，再正式開戰。」

敵人可不管這麼多，先掃射一排子彈之後，繼續前進。又遇到正在待命的一班士兵，帶領的班長搖手高呼：「等一下，等連長決定作戰方案，排長親臨指揮，才能開戰。」

敵人又一陣掃射，輕易地殲滅了這座僵硬的「金字塔」。

這個故事給我們的啟示是：在競爭如此激烈的市場，已不能再一成不變地謹守職位，否則一旦出現新變化，便可能一籌莫展，無所適從。

現今企業已不再像金字塔，階層高低分明；而趨於像太陽系，八大行星的每一顆星都很重要，星與星之間引力均衡，自行規律運轉不息。

在企業中，帥才、將才、幹才趨於三位一體，上層的人要不時走到基層去參與活動；員工都是分內工作的小老闆，分擔部分管理的計畫與決策。

至此，每一員工單獨工作時，自成一個完整的單兵作戰體，結合在一起時，則成為理念、行動整齊劃一的扎實團隊。

一位著名的企業管理人調任某公司經理時，有人對他說：「您使用原公司傑出的主管和管理方式來整頓本公司，必能獲得同樣的效果吧？」

這位管理人立刻擺擺手，說：「千萬不能這麼說，本公司的制度運作已有相當水準，我是來進行協調和服務的。」

這真是一語道破了現代主管的「官」念，即由命令統御轉向協調服務。

現代主管如果仍以為握有大權便能隨便命令指揮，把部屬壓在下面，他必然要感嘆「主管難當」了。

在部門裡，我們常習慣地稱「主管」與「下屬」，其實應正名為「主管」與「部屬」。

身為新管理人，你必須首先轉變觀念：樂於與比自己能力強者相處；真誠為部屬未來考慮，找出每個人適合發展的方向；事事以身作則，付出真誠，帶領每一員工完成企業的使命。

堅信自己會成功

當你步出你主管的辦公室，這時你雙頰微微泛紅，感覺渾身發熱，內心的興奮難以抑制……你剛才獲得上級的賞識，晉升為中階主管！

於是，你的同事都趕來向你道賀，有的握手祝賀，有的拍拍你肩膀，也有的會向你說：「我知道你的能力早晚會被上級肯定。你看，果然不錯吧？」

這時，先別高興太早，你必須冷靜下來，為明天（你當中階管理者的第一天）及早做準備。當然，最好是你有足夠的時間來思考一下你未來的工作目標，如何邁出第一步？明天踏進你的辦公室後要做什麼？你說些什麼？對誰說？這完全要根據你的這項新任命，也就是你的管理許可權和內容來決定。

我做得到嗎？相信不少新上任者都會有這樣的擔憂和疑慮。

一位著名的管理學家說：「一個不能說服自己相信能做好所賦予的任務的人，不會有自信心」。

這句話一點不假，你要知道你能做好某件事，然後你才有自信去做。但事實上，你也有失敗的可能。所以問題就是：在你還沒有嘗試做一件事以前，你如何知道你不會成功？

下面，講一個有關美國德克薩斯遊騎兵的古老傳說：

在 20 世紀初，有一幫橫行西部的土匪占據了一個小鎮。他們槍擊酒吧，威脅居民，並將警長攆走。鎮長在無可奈何的情形下，只有發電報給州長，要求派遊騎兵來恢復公共秩序。州長同意了，並告訴他這隊遊騎兵會在第二天搭乘火車前來。

第二天，鎮長親自去迎接，令他不敢相信的是，只來了一位遊騎兵。

「還有其他人嗎？」這位鎮長問。

「沒有其他人了。」這位遊騎兵回答。

「有沒有搞錯！一個遊騎兵怎麼能治得了這一大裙土匪呢？」這位鎮長氣憤地問。

「好了，這裡不就是只有『一』群土匪嗎？」遊騎兵滿不在乎地說。

這個傳說並不見得百分之百的真實，但它根據的是一個事實：不到 100 名遊騎兵，保衛著整個德克薩斯州。儘管是一個遊騎兵執行任務，也從不畏懼對方的人數，他會看情況決定自己該怎麼做。他會平靜地激發那裡的民眾，並引領執法人員採取行動。他們所遭遇的狀況幾乎是極度危險的，但遊騎兵習慣於帶領別人出生入死。

要想做一名稱職的管理人，你必須像遊騎兵那樣，不管面對何種困難和逆境，都始終充滿自信心 —— 我一定能成功！沒有任何東西可以阻止我。

沒有比成功更能導致成功

有句老話說：「沒有比成功更能導致成功。」這句話的意思是說，成功會製造成功；成功的人會變得更成功。換句話說，假若你在過去成功，就會有更大的機會在未來得到成功。

但在你沒有成功以前，你如何達到成功呢？這種說法像是雞生蛋、蛋生雞的問題。沒有蛋就不會生雞，但沒有雞又哪來蛋？

幸運的是，你可以在一次大成功前，先得到一些小成功。不要小看小成功，對於培養自信心，這些小成功和大成功同樣重要。因此，如果你能在做某方面的事上先贏得一些小勝利，你就會培養出一種心理：自信能完成更大的事情。

很多優秀的管理人就是這樣訓練出來的。他們由於帶領的團隊越來越大，得到成功的次數越來越多，而培養出自信和自尊。每前進一步，他們相信自己會成功的信心就增加一點。正如我們所見到的，這種認為自己會成功的信心，是培養自信的要件；而自信又是成功的必須條件。

一般人都會這樣想：這些管理者在工作上能有發展，是因為他們在每件事上累積了技術經驗和生產知識。不過，在如今這種技術專門化的年代，你不可能在你的工作上樣樣精通。這是說，培養你的自信比專門知識更為重要。

美國有一位名叫嘉菲德的博士，是位業餘舉重者。有一段低潮期，他一連幾個月中都舉不出理想成績最後他終於舉出他的最佳成績：125 公斤。事實上，他在以前經常練舉重時，曾經出現過這種成績。

一位心理訓練專家問他，現在他能舉起的最大重量是多少他回答說，他可以舉起 135 公斤。最後他盡力向這一目標挺進，真的舉到了這個重量。

據嘉菲德自己說：「那很難，真的很難，要不是周圍的氣氛刺激，我很懷疑自己是否能夠做到。」

然後，這位專家要嘉菲德又躺下去，並且放鬆自己，同時要他作一系列的想像放鬆練習。然後一面要他緩慢地起來，一面在 135 公斤重量上又加上 25 公斤。在正常情形下，他絕對無法舉這麼重。

他開始產生悲觀性的想像，但在他還未在腦子中固定這些想像前，專家又開始對他做一系列新的想像練習。

嘉菲德說：「他堅定而徹底地告訴我作一系列的想像準備。在我的腦海中，我看到自己平躺在長凳上，看到自己舉起 160 公斤。」

出乎他自己的意料，他不但真的舉起了這 160 公斤，而且還覺得比以往要容易得多。

你可以用上述方法培養自己的主管自信。這些都是根據一個基本事實：在任何壓力和困難面前，你都要增強自信心，確保你在管理工作的成功。因此，你要從容易的小任務做起拿出獅子搏兔的精神，小任務也要盡力而為，然後再進步到從事更困難的大任務。

你會突然發現：管理工作比你想像中還要容易許多。

為下屬留下發展空間

每位員工的能力都不一樣，所以，為員工安排工作的方法，也須按各人能力的有所不同而區別對待。把工作委任給下屬去做，是非常重要的事情，但要是員工能力不足，無法順利完成工作，反而讓員工傷透腦筋。

所以，你應按對方的能力而委派工作，一旦發現對方的工作無法順利進行時，就要協助他、支援他。如果工作沒有順利地完成，就認為都是下屬過錯，那麼，事情是絕不能獲得改善的。

不過，也須注意支援的方法。例如：有甲、乙、丙三個員工，把交給他們的工作目標都定為 100，這時，假定甲擁有 60、乙擁有 40、丙擁有 80 的能力。

由此可得知，甲的能力尚差 40，為了彌補這個不足的能力，當然要支援他一點。但是，如果幫他 40 的支援，那就不對了。此時，不管是幫他支援或是直接做指示，都只能做到 30 的地步，要為甲留下一點發展的空間，才是正確的做法。

如果你補充了全部不足的能力，那麼，甲的能力就無法得到進展。同時，更糟糕的是，甲會認為自己每當能力不夠時，你就一定會竭盡全力支援他，因此將會產生依賴的心理。而倚賴心一旦產生，就是退步的開始。

簡單地說，幫助下屬時，要留下可以讓對方發展的餘地。一個人要是拚命工作，其能力自然就會成長。如果你過於親切，太過於保護員工，將得到適得其反的效果。

如果繼續採用這種方法，那麼對乙就要幫助 50，留下 10 讓他自行發揮；對丙就可以不用支援，讓他自己去做就行。就這樣按照工作的難易度和對方的能力來判斷他是否能順利地完成工作。如果在懂得這種現代管理方式的管理人手下工作，員工就會成長；要是在不了解這個方法的主管手下工作，員工將沒有成長的機會。

然而，如果當員工有困難時不加以協助，員工很可能就會失敗，如此一來，一樣無法達到完成工作的目標。因此，把工作委派給員工時，須充分觀察整個事件進展的狀況或潛在的障礙。同時，也應該了解支援到何種程度才最恰當，並且別忘了留下讓他發揮的餘地。

簡單地說，你要和下屬分擔工作，而更重要的是，你要留下適當的發展空間。

不可犧牲下屬

張部長個性開朗、嗓門很大，只要他到某個部門，該部門的氣氛就會活潑、明朗起來。

有一天，他跟手下的一位科長交談，並贊同科長所提的提案。雖然該提案需要對公司現行政策做若干調整，但因為它是一項嶄新的計畫，又得到部長的支持，所以科長便非常興奮地立刻著手準備。

科長首先進行調查，然後再三研究、企劃，一面和部長商量，一面積極地跟其他部門協調。一切情況都很順利，科長覺得實現計畫應沒有問題，於是開始向有關的外界人士展開遊說，希望他們接受這項提案。

但是，最後要跟常務董事開會，以便授權給科長處理所有事情之前，張部長卻告訴科長，他要去參加一個重要顧客的喜宴，不能參加會議，並向憂心忡忡的科長保證，已經和董事們溝通好了，一切都沒有問題。然後，就參加喜宴去了。但是，當科長參加董事會議時，因為又有更新的計畫，所以這項計畫就被保留下來。而且，經辦的常務董事次日就到外國出差去了。結果，這項計畫就擱置了一個月。

如此一來，此項計畫除了重訂實施日期外，已別無他法。但是，科長已經和公司內外都交涉好了，因此，其處境真是十分窘困。他回來後和張部長商量，恰好此時張部長又有其他事情，所以向各方道歉的責任，也落到科長身上。

自此之後，下屬對部長的看法完全改觀。這位科長經常以失望的眼光看待部長；其他的科長或組長被部長催促工作時，也都突然變得警戒性很高地注意聽。部內發生這件事之後，過去明朗愉快的氣氛已消失無蹤，代之而起的是下屬暗淡的心情。

信賴感是管理的基礎，而得到這個基礎的重要條件是，不可犧牲下屬。

不管管理者本身多麼忙碌，也都應該確實掌握每位下屬的狀況。假使發現下屬有困難，就要幫助他，讓他能夠順利地成功。如果只是一味地催促下屬工作，而沒有給予任何幫助，下屬就不會放心地聽從主管的指示。

雖然已經與下屬建立良好關係，且充分贏得他們的信賴，但是，如果有一次因自己的疏忽而造成下屬的失敗，就會馬上失去原有的信賴。因此，想一直維持被下屬信賴的關係，並非那麼容易。

想得到下屬的信賴，就須先深入地了解他們的工作情形。而且也需要有迅速的行動。同時，這些也跟管理者關懷下屬的程度有關。

指示下八分即可

有些中階主管常容易犯指示過於詳盡的毛病，他們明知道有些事情一定要交給下屬辦才行，但是卻又不放心交給下屬去辦，因此，不知不覺中就會一再地交代他們：

「要按 ×× 順序做。這裡要這樣做，這點要特別注意……」

事實上，這些指示主管不說，下屬也都已知道得非常清楚，可是主管卻仍很仔細地一再指示各項事宜。

作這樣詳細指示的人，大部分是新上任的中階主管，用人的經驗很少，另外也有可能是從事專門職業或技術等出身的管理人員。

期望把工作做得非常完美，當然是一件很好的事，但是這樣過於詳盡的做法，反而會帶給對方不愉快的感覺。這是什麼原因呢？

受到詳細指示的下屬，開始時會認為，你不信任我，為什麼還要把工作交給我？因而產生不滿或不信賴。然而，因為不想表露出來，只好對你說：「知道了。」乖乖地按照指示行事，然後，每天都重複不斷地按照你的指示行事。

後來，他會發現按照指示工作，實在很輕鬆，最後，甚至變成有指示才會工作。有這種態度之後，就會變得消極、被動，而且年輕人特有的熱情和精力無法在工作中發揮，就會用在工作以外的事情上，慢慢地對工作也就不再熱心了。

這樣一來，下屬就會過著不用腦筋思考的日子，終致失去思考和判斷的能力，這是非常嚴重的事有些人到了相當年齡仍然沒有任何能力，大部分都是如此造成的所以，如果一個人放棄思考的機會，最後也將失去思考的能力。

非常詳盡地指示，然後感嘆別人工作態度消極的中階主管，就是不了解這是因自己的行為所造成的後果。因為，太多、太詳細的指示，將造成難以彌補的憾事。

如果你認為應對下屬做十分詳盡的指示，那麼你最好忍耐一下，只下八分的指示的就好，其用意是要留下讓對方思考的餘地。不管對新進或資

深員工，都要按對方的能力，而決定指示的程度。

這種用人的能力，必須依賴長期用人的經驗，才能培養出來。不過，有些人不管有多少用人的經驗、仍然還是無法改變。

區別對待個性不同的下屬

下屬來自五湖四海，如同舞臺上的各位演員。社會學家將人的人格特質分為四大類：指揮傾向者、關係傾向者、思考傾向者、聽命傾向者。

可以這樣做

指揮傾向者 —— 一切讓他來操作

指揮傾向者以自我為中心，喜歡管理別人，而且願意承擔責任，他們公事公辦，講究效率，注重實際，往往提前完成工作。這類人關心結果，自己設定並努力完成目標。他們注重事物本質，基於事物的運作情況，認為成功比人際關係來得重要。在競爭中求生存，而且以成敗確定自己的價值。

除了獨立自主和專心致志朝目標努力外，指揮傾向者喜歡追隨強勢主管。指揮傾向者能輕易上陣，卻不善於處理人際關係；他們往往從過程中學習；對低效率和優柔寡斷者深惡痛絕。

對於有指揮傾向的下屬，你必須支援他的目標並獎勵他的工作效率。

正因為指揮傾向者有這樣的特質，所以，就算你是主管，也要盡量讓這種類型的人覺得，凡事都在他們的掌握之中。因為他們可能是唯一知道要怎樣把事情做好的人，千萬不要告訴他們怎麼做，最好是出選擇題給他們，由他們自己決定。指揮傾向者最大的恐懼在於怕失去控制能力這也是為什麼他們非得達到巔峰才會開心的原因。

關係傾向者 —— 旁人的評價更重要

和重事不重人的指揮傾向者不同，關係傾向者重人不重事。他們是處理人際關係的專家，看起來非常隨和友善，不會像指揮傾向者那樣咄咄逼人。關係傾向者往往做事優柔寡斷，對關係感興趣，較不注重結果。容易因為別人的關心而努力工作，而且相信擁有良好的人際關係比成功的事業更踏實，在意他們的行為對周圍環境的影響，常常自問自己的人緣好不好。

要激勵關係傾向者，必須接納他們的喜怒哀樂，關心他們的私生活，並且耐心聆聽。和這類下屬談話，如果你眼神飄浮，那就容易增加他們的不安感，因為他會認為你不夠專心，不尊重他們。關係傾向者希望在不必負任何責任的狀況下發揮影響力。他們會因為缺乏安全感而騷動不安。而且往往從觀察中學習，並喜歡和人分享感受，但較不喜歡動手去做。

因為關係傾向者最大的恐懼是怕被人拒絕，所以特別注意與人融洽相處，更在乎主管對他們的反應，因而是屬於非常容易主管的一類下屬對這類下屬要多用鼓勵的言行來激勵他們做好工作。

思考傾向者 —— 不要追求完美

思考傾向者總是希望弄清楚事情的來龍去脈這是他們最大的缺點，也是最大的優點。他們狂熱地搜集資訊，以致往往誤了時效。

思考傾向者雖然條理分明，不過常常過於注意細節，因而變得有點吹毛求疵。他們投入越多，就越心虛、害怕；因為懂得越多，才發現自己不懂的更多。

要激勵思考傾向型下屬，必須肯定他們的想法、分析能力及追根溯源的本領。不過，你同時也須提醒他們要及時完成工作，因為他們也多半是完美主義者。這種類型的下屬常會給自己設定過高的標準，而且非常害怕別人的批評他們討厭驚奇，對不可預測的事感到威脅，常不會因為別人的道歉而態度軟化因為思考傾向型下屬會用精確、詳盡的標準來衡量他們的價值，所以你要曉之以理，而不要動之以情。

聽命行事者 —— 忠誠可靠的下屬

聽命行事型下屬忠心、可靠，做事缺少變化。他們對一再重複的工作樂此不疲，同樣的事情，做得越多，他們會越喜歡，而且心裡覺得踏實。這類下屬循規蹈矩、順從規範、遵循政策、重視流程，在設定的結構內工作，寧願被監視，願意指揮別人，而且心裡常存飯碗隨時不保的恐懼。

激勵聽命行事型下屬的最佳辦法就是：支援他們的計畫，你不需要特別擔心，因為他們做事謹慎，一定會將風險減到最低。

因為指揮傾向者專注，思考傾向者擅長分析，聽命行事者忙著做事，關係傾向者是最佳的傾聽者，四者各有特色以下便是和他們相處的幾點要領。

相處的要領

- 指揮傾向者心不在焉時：他們人在心不在；當別人在講話時，發覺他們的眼睛不知道在看什麼。要引起他們的注意，最好是將身體往前傾，注視他的眼睛，然後暫停說話。等對方覺察到你已經停止講話時，找他們感興趣的話題詢問他們的意見。
- 當思考傾向者過度吹毛求疵時：吹毛求疵的人雖然在聽你說話，可是卻會不斷地從你的話中雞蛋裡挑骨頭，以致忽略了重點。所以，先建立談話的良好氣氛，保持耐心，在討論細節前，先提出重點。
- 當關係傾向者過度順從時：關係傾向者因為不想得罪別人，所以常表示贊同。為了要讓關係傾向者更能誠實地表達他們的看法，最好透露出你的恐懼，然後請他們發表意見。之後，為了獎勵他們的誠實，不管他們說什麼，你都要表示認同。

激勵下屬的關鍵是：給他們想要的東西。而下屬想要的是什麼呢？魯特格斯大學曾做過一項研究：請員工將有關工作的十個因素，依重要順序排列出來。另有一群經理人亦接受同樣的調查，列出他們認為員工會重視的十項因素的順序。

主管列出來的前三大因素是：加薪、升遷、工作保障。

下屬重視的前三大因素則是：尊重、個人成長及表達意見的自由。依次下來的是對個人的體貼、對工作績效的欣賞與肯定、確定告知公司的政策或決策。

事實上主管和下屬的看法都沒錯。假使下屬的收入無法養家糊口，那麼他們的第一個選擇可能就是與金錢有關的答案。馬斯洛告訴我們：所有的人，即使不必為錢工作者，一生都在尋尋覓覓，滿足五種不同的需求：

- **生理的需求**：食物、睡眠及遮風擋雨的地方，是基本的需求。
- **安全的需求**：銀行存款、保險及工作的保障，都是安全的生存需求。
- **歸屬的需求**：人都想歸屬於某個團體，並被其接受。家庭是我們最初接觸的團體，工作夥伴又形成另一個團體。那些對工作場合的社交活動不以為然的經理人要注意：你是在剝奪員工的基本需求，同時也剝奪你自己取得良好資源的機會。
- **受人尊重的需求**：每個人都希望別人感激他們的付出。如果沒有，他們會興致低落，無精打采，最後掉頭就走。
- **自我實現的需求**：許多人花很多時間，努力讓別人接受他們，感激他們，並獎勵他們。

如何對待年長者

如果你是新任主管，一定會有這種體會：

年輕的下屬倒還容易應付，至於年長者可就棘手了。某大企業的新任主管曾這麼嘆息道：「如果他們說：『像你們這樣的特快車就先開吧！我們這種慢車只有在慢車道等著，你們好好做，我們在後面跟著。』而待在那裡不動的話，實在拿他們沒辦法。」

確實是很難！因為他們認為，公司擅自推翻了按資歷升遷的先例，著實背叛了與他們的協議同時辜負了他們對公司的期待，所以他們便將此怨恨朝向新任主管發洩，使他左右為難。

這樣的情況下，該如何是好呢？

最基本的還是前述的傾聽法，也就是活用「煩惱說給人聽會減半，喜悅說給人聽會加倍」的原理，對於年長下屬的憂煩、怨恨、悲傷、不平不滿的心結不要覺得麻煩，安排幾次機會聆聽他們傾訴，如此一來，他們心理上的壓力自會舒減，就能客觀、冷靜地反思自己的工作能力、意願及業績，對於親自聆聽自己牢騷的年輕主管一定也會心存好感。

此刻，你可多加詢問其過去的工作狀況，附和著他們的話，並以客氣的言詞與其交談，他們的態度就會變得非常溫和。

第二個方法則是，不僅在工作上，有關人際問題、社會經驗等，都可以向年長者請教。儘管在公司中你是他們的主管，但是你還是以完全尊重長者的姿態向他們請教，他們也會產生滿足感。

第三個方法非常有效，就是在年長或資深的下屬中找出具有非正式主管地位的人，讓他和你站在同一陣線上。就算他因為運氣不佳，無法謀得一官半職，但是實力還是有的，用這種人作助手，有關工作和團體運作方面甚至於任何事都可以找他商量，徵求其意見。這不是一種由公司任命的職位制度，但可以認為是一種非正式的職位制度。假使年長者人數眾多時，只要你牢牢地掌握住這個助手，工作起來便能駕輕就熟。而對於不好開口的事也可請其代言或帶頭，你將發現非常有效。

不要被「馬屁精」迷住

在下屬中，總有幾個馬屁精，對你極盡阿諛奉承之能事。當然如果是太明顯的奉承話，就容易遭規誡；但是如果能非常巧妙地拍馬屁，讓別人分不清是阿諛奉承，還是真心讚美時，就很不簡單了。如果一不小心上了當的話就會像安徒生童話中受騙的國王一樣，出醜了還不自知。

更不簡單的是「虛應場面」的奉承，當你要求他們批評自己的行為時，下屬就會說些不至於得罪長官的話應付了事。

某貿易公司的營業部長，在早會時訓示：

「不要等部長吩咐了才去做，這樣太被動了，希望各位能在部長未交代之前，就先主動把工作辦好。」結果相關部門的主管有了不同的反應。

甲下屬：「這真是近來稀有的名訓，不愧是將來重要負責人的候選人，太了不起了，真令我們年輕人感動，我們一定會好好做。」

乙下屬：「我認為說得很好。」

丙下屬：「剛開始的時候，被部長這麼教訓，覺得很不服氣，因為我們一直都抱著自動自發的心態在做事。但是試著反省一下，似乎是不夠主動。再仔細想一想部長的訓勉，覺得應該更積極地努力工作。都是您的訓示讓我有所醒悟，今後還是要請部長多指點。」

很明顯地，甲下屬是一位典型的馬屁精：再看看反應冷淡的乙下屬，

他就是一種虛應場面的奉承之下，還是丙下屬的話，較能打動管理者的心。

但是這位聰明的丙下屬也是稍微搔到癢處而已，還沒有達到部長的期望。

真正有能力的管理人，他所期待的反應應該是另外一種。以這家貿易公司為例，下屬應該這樣說：

「大部分的員工反應是：『部長說的有道理，應該提出一個更能發揮獨立自主的改善方案。』可是也有人說：『不知道能不能說得更具體一點。』依我的看法，是不是等早會後補充說明一下，可能的話，下次早會再將這個問題提出來不知道您覺得如何。」

這番話也許會讓你不太舒服，但卻是助理人員的責任所在，所提出來的，都是忠實的建議，和那些愛拍馬屁的人不同，你應該很了解。

正確使用「開除」

被開除是件痛苦的事，但往往開除人的主管也不見得好過許多主管開除員工後，都會覺得焦慮、若有所失，甚至充滿罪惡感，畢竟開除這件事代表雙方的失敗。

如果員工的表現實在太差，不得不開除，那麼主管在作決定之前要先想想：自己是否給了他足夠的時間與機會去努力？自己是否清楚如何評估他的表現？那位員工是否了解公司對他的要求？

好了，「攤牌」的時候到了。主管應詳細說明開除的原因，員工到底哪些方面令人不滿意？但仍可以用正面的方式表達、比方說：「我知道你已十分盡力，不過，這個工作顯然不適合你」接著就要講清楚他的工作哪一天結束，什麼時候要辦離職手續。最好不要叫對方當天就走人，讓他有點時間收拾東西、和同事道別，這樣才有人情味。

開除員工所選的時間和地點也很重要。在一個禮拜快接近尾聲時，挑一天快下班的時候宣布這個壞消息，可免除對方在辦公室內遭受太多異樣的眼光。至於地點，還是找個房間，關起門來談，才能維持對方的尊嚴。

處理完開除這件事後，做主管的還有另一個棘手事 —— 面對其他員工的反應。人總是同情弱者的，其他的員工很可能難以諒解主管的決定，有人甚至會對自己的工作失去安全感。這時主管可向大家說明開除那位員工的理由，只要決定開除的過程審慎、合理，那麼作解釋時自然能理直氣壯但是如果自己對這個決定都覺得不舒服，旁人很快就會察覺的。

主動和被開除員工的好朋友談談，也是不錯的方法。告訴他們事情的背景，如果有必要，設法讓他們放心，不必擔憂自己是否會丟掉工作。不論其他員工對這件事的反應或評論是什麼，主管都應盡量了解。有時候被開除的員工，他的工作態度及表現向來也引起同事的反感，這時主管開除了他，對大家而言也是鬆一口氣。

但是如果被開除的人在公司人緣好，工作表現也未受到同事的批評，主管的決定很可能會招致大家的憤怒與不平。處在這種敵意甚濃的情況下，很多主管都會覺得很難辦，較好的方法是求助第三者 —— 人力資源部門、管理顧問、心理諮商等，一起來解決。

每個主管遲早都會面臨開除員工的尷尬，但也不能怕拉不下臉而放過太差勁的員工。因為能適時地開除這種員工，對於鼓舞其他人的士氣有正面的作用，他們會覺得公司畢竟是重視工作表現的。

面對高層人事更迭如何保住職位

七月的一天，在 Informix 公司剛上任兩周的首席財務長喬永．喬頓的辦公室裡，走進了一個她不認識的董事。「嗨，我是彼特．傑尼，」他說，「我是你新的執行長。」這家問題重重的資料庫軟體公司剛把它的老闆讓 —— 伊弗．戴克斯米爾給炒了。

在不斷增多的企業高層人事更迭中，很多人在到任不久後就失去了當初雇用他們的經理人 —— 這直接威脅到他們職位的安全。「董事會對那些表現不佳的管理層已不如過去那麼有耐心了，」諮詢公司的獵頭人員戈特．格蘭德說。在這種嚴酷的情況下，你如何保住自己的職位？儘管心裡充滿憂慮，喬頓還是躲過了他們新任長官的裁員危險，因為他立即使自己成了必不可少的人物。他們的經驗為無數面臨同樣威脅的人們提供了經驗。

45 歲的喬頓曾任管理式照護公司的首席財務長，在接受戴克斯米爾的工作之前，她曾回絕了 7 次工作機會。他剛剛策劃了財政重整計畫，渴望繼續迎接類似的挑戰。而 Informix 公司在 1997 年因會計方面的失誤被披露後，引發了許多投資者的訴訟案和證券交易委員會（SEC）對其進行的帳目欺騙行為調查，從此陷入困境。

在經歷了連續兩個季度的收益虧損後，7 月 13 日，Informix 公司任命傑尼為執行長，這是三年中第三次公司最高職務的人事變動。55 歲的傑尼以前領導過軟體公司，當年 3 月該公司被 Informix 並購。「我是四年裡第四個首席財務長。」喬頓補充道。

傑尼力勸喬頓留下來，這並不令人驚訝。「我看不出有任何改變的理由，」他說：「我可沒帶著我自己的首席財務長。」

喬頓每天工作 14 小時，幫助傑尼迅速制定了一個包括重新部署公司主管層在內的重組計畫，這兩個人配合得非常好。「我並不害怕在危機中做決定，」喬尼說，「傑尼也是這樣。」喬頓也沒有在她的公司待多久。9 月 19 日，Informix 公司宣布了一項改組計畫，發展公司的兩個子公司，並最終將使它們成為獨立的兩家公司。她說，一旦 Informix 解體，就「不再需要像我這種類型的人了。」喬頓提出辭職，傑尼勉強同意了她的請求：「她做得很出色，無論是所做的貢獻、領導才能還是幹勁。」下個月喬頓將不再擔任公司的首席財務長，並在年底離開公司。

喬頓是個適應力很強的主管，她是一個直到 19 歲才會講英語的韓國移民，她相信自己的大膽決定會給她帶來新的機遇。「這表明我很多才多藝，並且能靈活應變，」她說，「我希望人們了解到我能為任何一家公司效力。」

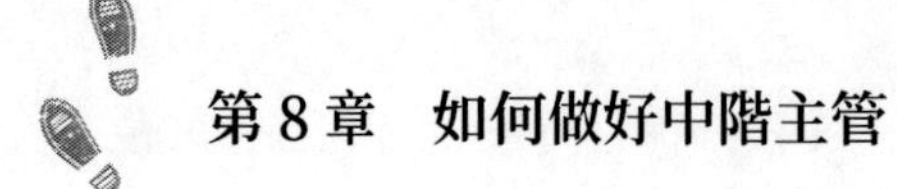

第 9 章
怎樣做好高級主管

在上古時代，人人都是平等的。權力的起源是因為其中的某個人展現了一些特別的智慧與才能，能夠幫助大家解決一些問題，這些被幫助者為了珍惜這個人的體能與才智，就相約一起供奉他，讓他在生活上享受一些特別的優待。當大家對這個人的信賴到了一定程度後，他就擁有了支配他人的權力。

學會策略性思考

佛曰：迷時師渡，悟時自渡。在一個公司裡，晉升為高級主管之後，在工作上你不要企望有人來「渡」你，一切都只有靠自己去體會與摸索。

在基層和中層任主管，主要憑的是扎實的技術，其管理也僅僅是基於執行任務。而高級主管就不同了，你要發號施令，並對因你發號施令而產生的正面成果和負面影響承擔責任。

打個比方，高級主管所面對的是一場戰役，而基層與中層主管只需執行命令去完成各自的戰鬥任務。

高級主管需要學會進行策略性思考，以開闊的眼界、嚴謹的思維來界定一件事物，絕不能讓一時的勝負迷惑了自己的眼睛。

養成主管特有的氣魄

氣魄是氣質與魅力的綜合展現。一個具有領袖氣魄的人，言行舉止都散發出一種攝人的威力，這種威力可以讓部下信服，讓敵人恐懼。

氣魄的養成，首先和我們對人的態度有關。在上班族的世界裡，人際關係是頻繁與互動的，不存在什麼勢不兩立的矛盾，不需要爭個你死我活。

弘一法師說過一句話：「不讓古人是謂有志，不讓今人是謂無量。」這種見解是很有道理的。不讓古人和先賢，表示我們有充分的決心；讓今人（同事與下屬），則表示我們有充分的信心。

氣魄的養成，又和我們對待時間的態度有關。在商業世界裡最強調的就是時間，機會在稍瞬即逝，世界在急劇變化，我們一再告訴自己，最寶貴的就是時間，成功的人必須是要懂得創造機會。

對於時間，應持下列觀點：不讓機會是謂有識，不讓時間是謂無度。

機會來時，我們當然一定要掌握，否則稱不上見識；機會還沒到來時，我們則必須來等待，否則只有徒亂章法，事倍功半。很多事情，一定要靠時間來沉澱，是「爭一時，也要爭千秋」。表面上看來這也是氣魄十足。其實，只能說蠻氣十足。一時和千秋是兩回事，如同我們可以選擇在山腳看一番風景，也可以選擇在山頂看一番風景，但不可能人同時既在山腳看，人又在山頂看。

當然有人看過山腳也看過山頂的風景，但那還是時間給他的禮物，讓他有了個拾級而上、山上山下、風光一覽而盡的過程。光是逗留在山腳下，卻又要力爭一時又千秋的人，那只是他還沒仰頭，沒看到山勢的巍然與嫵媚。

而我們對人的態度，會左右我們對時間的態度。我們對時間的態度，又會再次左右我們對人的態度。

決定成長的最佳速度

高級主管要注意的各種策略中，首先就是企業成長的速度。換句話說，也就是企業呼吸的速度，動作的速度。

不同的人對不同的企業，會設定不同的策略。其中首要的就在於企業成長的策略。

你要一個企業的年成長率是 3%，看來靜若處子，還是年成長率 30%，看來動如脫兔？

企業給外人的觀感與形象由此而來，企業內部的組織與管理也因此有別。

香港的胡榮利接手一個企業的經營，當時很多人給他建議：千萬不要成長太快。成長太快，老闆還是會要求你更高的成長率，總有滿足不了他的一天。況且，太快總會摔倒。相反的，如果慢慢地成長，每年都有進步，雖然進步一點點，但畢竟有進步，你自己輕鬆，老闆又滿意。

胡選擇了前者，最後果然因為走得太快而摔倒。

那麼如果選擇後者，真的就會沒事嗎？

還有一個案例。在一個企業集團裡，有一家公司永遠只要求在同業裡排名老二，即使有第一名的實力也不搶先。理由是如果搶到了第一名，那就成了明星企業，容易成為別人的目標。永遠的第二名，就像雞肋，不會被人放棄，也不會被人眼紅。

這可是個很不錯的自保策略。但是，不求第一的心理，自己就給自己種下了從內部失敗的種子。最後，這家公司還是出了問題。

因此，我們到底要選擇 3% 還是 30% 的成長步伐，其本身並沒有一定的對錯與優劣。

重要的是這種選擇要配合環境的條件。環境需要穩紮穩打的時候，卻硬要快速成長，而環境需要更上一層樓的時候，卻硬要原地打轉，兩者都同樣危險。

這種選擇也要適合屬性。

如果你認為你適合動如脫兔，那就不要克制自己的熱情和能量。但是要記住，既然喜歡動，就要防止摔倒，摔倒了就不能動了。起碼總有段時間不能動。因此要動中求靜。

如果你適合靜如處子，那就仔細地保持自己的力量，每一步跨出去都顧盼自雄，無懈可擊。但是要記住，不要成為一潭死水，要靜中求動。

不論哪一種選擇。總要忠於自己的信念，知道自己長期的方向所在，前後的思想和行動保持一致。

信奉動如脫兔的人，摔倒了，什麼氣也不要吭一聲，拍拍灰塵，舔舔傷口，繼續再朝目標挺進就是。

信奉靜如處子的人，不隨別人的鼓動而起舞，穩定而持續地邁進，不達目標絕不甘休。

做戚繼光還是李成梁

明朝末年，抗倭英雄戚繼光因在東南沿海的赫赫戰功，被皇上調到北方戍邊，扼制來自蒙古的威脅。戚繼光採取一勞永逸的策略：每次出擊，力求進行毀滅性肅清，使敵軍不敢再犯。防守的時候，則大修長城，研究開發各種兵器與軍事戰術，以求長期鞏固防線。

戚繼光因這兩手而威名遠揚，北方平亂之後，竟十多年不見烽煙。因為長久沒有戰爭，戚繼光無法再立戰功，從而無法封侯進爵；同時因為長久沒有烽煙，戚繼光的重要性也不復存在，慢慢被人忽視、遺忘，最後竟落得個被貶嶺南的悲慘結局。

李成梁也是明末的一代名將，他領兵鎮守遼西。李成梁對付女真族的策略與戚繼光不同：他一方面以夷制夷，拉一個打一個；一方面不求一舉

掃除，總是要給敵人留一點後路，以便自己隨時有仗可打，有功可立。結果，關外烽火不斷，他的戰功一再累積，爵位竟升至最高，成了朝廷不可或缺的棟梁，沒有人不敬他三分。

戚繼光與李成梁這兩位名將，到底誰聰明？

先別忙著下結論，讓我們再往下看：

戚繼光雖然在宰相張居正死後就失去了靠山，吃盡了自己不會玩心計的苦，但是直到今天，人們都讚嘆他的抗倭戰功，認為他是一位不可多得的將才。而李成梁雖然在當時權傾一時、不可一世，卻因為他以夷制夷、欲擒故縱的策略，養虎為患，導致努爾哈赤雄起，先是統一女真部落，然後一舉將大明江山奪至手中。

現世總是偷偷地抄襲歷史。在今天的企業裡，身為高級主管的你，在實行企業致勝策略時做戚繼光還是做李成梁？

讓謠言破產的技巧

位置越高，當然越容易得到掌聲 —— 不論這些掌聲是由衷的，還是另有目的的。

然而掌聲之不免混合噓聲。所謂，譽之所至，謗必隨之。

因此當位置到了一定層次之後，或是工作有了為人注目的一定成果之後，必須對「謗」有個應對之道。

毀謗的著力點有很多：工作能力、男女關係、金錢操守、忠誠程度等等，不一而足。不變的是一個原則：真正能置人於死地的毀謗，一定是當事人最引以為傲的強項，而不是弱項。因此，越是自持男女關係清白的人，別人越會在這方面羅織你的罪名；越是對金錢操守自持的人，別人就越會在這方面做文章。

道理很簡單。一，你最強的地方，正是你最不備的地方。二，這樣莫須有地攻擊你，你才會激動、衝動，亂了腳步。

毀謗的本質和作用正是如此。

毀謗的實際作用和功效，可能有多大呢？

袁崇煥是明末唯一可以抗清的大臣。縱橫關外的努爾哈赤，唯一的敗仗就是敗在袁崇煥的手裡。但是對於這樣一位國之棟梁，明朝卻輕易中了皇太極的離間計，不但抹煞了袁崇煥衛戍疆土的忠誠，反而把他誣陷為通敵的叛國之徒，最後被凌遲處死。袁崇煥被棄市的當天，京城的老百姓扶老攜幼，人人巴不得生啖這個「叛賊」的血肉。

毀謗的揑造空間和可能效果，從這個例子可看到極致。像袁崇煥這樣的人，怎麼會想到別人會拿他的忠貞來做文章？又怎麼可能得逞？然而，就是可能。歷史上這樣的故事不勝枚舉。

看袁崇煥的例子，應該對毀謗的本質有所體會，因此必須淡然處之。

止謗莫若無辯。在資訊化高度繁榮的時代，消息的更新換代、傳播與擴散出奇的快，同樣，消息消失得也快。何況，浸淫在大量真真假假的消息中的人們，對各所謂的「內部消息」（謠言）更是表示很大的疑心。

謠言出籠了，身居要職的你採取的最佳對付方法是「無辯」。保持沉默，謠言自然會瓦解與消失。

向下屬授權的原則

適當的授權是給予下屬一定的挑戰機會。使他們勇於向前，表現出他們對自己的信心，出於你對他們的信任，保留他們的權利和義務，擴大他們的榮譽感。所以，出色的授權者從不給下級布置他們不應該做的工作，出色的授權者只是給下級提供學習和進步的機會。

授權好比是足球隊的教練。出色的教練當然也關心技術動作、球員的體能之類的事，但他最注重策略。

朝著成為成功的授權者邁出第一步是要知道授予什麼樣的權力：

- **日常工作**：就是那些你熟悉得閉著眼睛也能做得很好的工作。即使你不賞識的人也要訓練他們來完成這些任務。
- **具體任務**：也許，你的部下中有些人處理細節問題很拿手；有些富於想像而且善於寫作；還有一些人是企劃專家，在你的職責範圍內把任務分配給相關的人。
- **不熟悉的任務**：不應該把時間浪費在你不熟悉的工作上，一定有別人比你更適合做這個工作，把工作交給他們。

儘管如此，仍然有一些事是不應該授權的：

- **紀念活動**：退休、葬禮、盛宴、婚禮、部門的慶典、授獎儀式等，還有那些因為你的地位和名譽邀請你出席的活動。
- **個人事務**：除了身為一名管理者之外，你還是團隊的成員，一個可以評價團隊的成就的成員，你必須最終做出聘用、解僱和提拔的決定。
- **危機**：危機是不可避免的，但透過恰如其分的授權，你就使自己處在可以事先採取措施預防危機發生的位置上，這樣你就能順利地解決危機。

授權的具體原則如下：

政策制定要集權

亨利·季辛吉（Henry Kissinger, 1923-）不論當美國總統尼克森的國家安全事務特別助理還是任國務卿時，在國際上都是受人矚目的風雲人物。他往來於各國之間，縱橫裨闔地進行穿梭外交，真是舉足輕重，出盡風頭。一般不明內情的人，總認為季辛吉掌握了美國的外交政策，事實不然，說穿了季辛吉只不過是尼克森外交政策的獻議人或執行人而已。美國對外政策的決定權完全在尼克森手中。我們可以說，季辛吉對美國外交政策的制訂有很大的影響，但絕不能說由他來制訂美國的外交政策。美國總統的外交權是絕對不能旁落他人之手的。因為外交成敗的責任在於總統而非國務卿或特別助理。季辛吉的許可權僅止於戰術或細節的變化運用，原則與策略的決定則始終操在總統手中。

同理，高級主管要將原則與策略的決定權牢牢地掌握在自己手中。

授權的時機

高級主管只有將業務授權部屬後，自己才會有餘力去構思新業務的開拓。而一項新業務的投資，無論如何在市場上都有其風險性，在成敗未定，命運未卜的情況下，驟然授權，部屬必將感到不安，也缺乏信心。因為新業務的決定權在高級主管，所以初期應由高級主管親自掌舵，等到該業務進入良好狀況時，才能授權。如此生生不息、良性循環的結果，不僅公司充滿了朝氣與活力，高級主管亦永遠不必擔心大權旁落或陷於孤立。

人事權不可輕授

授予主管的考核權有一定的限度，尤其是重要主管的考績晉升，不可委之於人事部或其他幕僚。因為，能控制人才能控制公司。若讓晉升的人覺得其晉升並非由於高級主管的賞識或提拔，則已是大權旁落的徵兆，不可不多加注意。

授權之後，仍應監督

監督與管理的分別，有時不太容易區分。管理是一種行政上的直接參與和干涉，監督則是一種制衡的作用，含有指導與輔導的功能。為避免下屬對權力的濫用而造成腐化的惡果，高級主管應對授權的業務隨時進行查核工作。當然查核的工作亦可委託給高階層的其他人員，但查核結果應隨時向高級主管報告。

恩威並施

在一個寒冷的夜晚，紐約的一條不是很繁華的道路上幾乎已經沒有車輛行駛。這時從街中心的地下管道洞內鑽出一位衣著筆挺的人來。路旁的一個行人十分狐疑，想上前看個究竟，一看卻怔住了，他認出這鑽出洞的人，竟是大名鼎鼎的福拉多！

原來福拉多是因為地下管道內有兩名接線工在緊急施工而特意下去表示慰問。

福拉多被稱作「一萬人的好友」，他與他的同事、下屬、顧問，乃至競爭對手都保持著良好的關係，這位富有「人情味」的企業鉅子，事業如日中天。

身為一個行政主管，要做到令出必行，指揮若定，必須保持一定的威嚴。

道理很簡單，在主管與指揮業務上，沒有令對方與下屬感到畏懼的威懾力是不容易盡責稱職的。單是有一張和藹的臉，靠一番美麗動聽的言辭所起的推動作用，可以說非常有限。

商場如戰場，《孫子兵法》中有個關於「三令五申」的典故可以拿來借鑑。

當年吳王委派孫子訓練宮中嬪妃成為娘子軍。起初，嬪妃們覺得好玩，視同兒戲，成日嘻嘻哈哈。孫子一再勸說，並告誡不聽命，即要嚴懲，但沒有人相信。其中吳王最寵愛的兩個妃子是最不聽命令，把孫子的命令根本不當一回事，結果三日過去，孫子行使無情軍法，斬掉了那兩個妃子，宮妃們肅然起敬，立即軍容整頓，一切井井有條。

當然，威嚴也不等於惡言相向，破口大罵，整日板著臉孔訓人。只是在工作時對待下屬必須令出法隨，說一不二。發現了下屬的差錯，絕不姑息，立即指正，限時糾正，不允許討價還價。要讓下屬滋生敬畏之心，才會使你威風凜凜，在萬馬千軍衝鋒陷陣的商界中指揮自如。

威嚴始終是主管層人士的一種氣質。

身為企業的主管，要實現自己的意圖，必須與屬下進行溝通，而富有人情味就是溝通的一道橋梁，它可以有助於上下雙方找到共同點，並在心理上強化這種共同認知，從而消除隔閡，縮小距離。

有許多身居高位的人物，會記得只見過一兩次面的下屬名字，在電梯或門口遇見時，點頭微笑之餘，叫出下屬的名字，會令下屬受寵若驚。

富有人情味的主管必是善待下屬的。

主管要使下屬心悅誠服，一定要恩威並施。

所謂恩，不外乎親切的話語及優厚的待遇，尤其是話語。要記得下屬的姓名，每天早上打招呼時，如果親切地喊出下屬的名字再加上一個微笑，這名下屬當天的工作效率一定會大大提升，他會感到，主管是記得我的，我得好好做！

對待下屬，還要關心他們的生活，聆聽他們的憂慮，他們起居飲食都要考慮周全。

所謂威，就是必須有命令與批評。一定要令行禁止。不能始終客客氣氣，為了維護自己平和謙虛的印象，而不好意思直斥其非。必須拿出做主管的威嚴來，讓下屬知道你的判斷是正確的，必須不折不扣地執行。

主管的威嚴還表現在對下屬安排工作、交代任務上。一方面要勇於放手讓下屬去做，不要自己事必躬親；另一方面在交代任務後，還必須要檢查下屬完成的情況。

將恩與威調成一杯雞尾酒，和自己的下屬乾杯，才能駕馭好下屬，發揮他們的才能。

用恩，就要對下屬貼心。所謂「貼心」，簡單地說就是「體貼關心」，一顆主動關懷對方的心和耐心傾聽對方心聲的心！這是在感情上和下屬交流，這麼做，對方會感受到一種溫暖而不是壓迫的感覺。如果你對他的心思有所了解，那麼不可表現得太多，也不可表現得太深，而且應針對無關緊要的事來表現。其他的，裝作「魯鈍」好了。而為了「魯鈍」的必要，有時候還要在恰當的時刻表現你的魯鈍，也許他會對你的魯鈍不以為然，但對你卻是絕對放心；不過，在態度上仍要表現出和他的「貼心」，否則你和他的關係就會產生變化。

功成身退

人登上高山，但總要有下山的一天。就好比人上了舞臺，卻總有下臺的一天。這是自然界的規則。

企業的興衰如此，人事的變動也是如此。所以，高級主管的重要課題不在如何更上一層樓，而是如何功成身退。換句話說，上臺上得漂亮固然可喜，下臺下得漂亮才見功力。

但，除卻巫山不是雲，上了臺的人一般很難有這種認知。因此，下臺總是被動的狀況居多，所以，我們不妨有一些心理準備。

- **不要回頭**：對準備上臺的人來說，舞臺在前方，盯著舞臺是應該的對下臺的人來說，舞臺在腦後，切忌不要回頭眷戀，否則只會骨碌骨碌滾下去。
- **自信**：下臺是驚險處，卻在不驚險處暮靄彌漫，四野無人，這種寂寞是最大的考驗。但是，你如果真正熱愛表演，那你應該相信自己永遠都會找到一個新的舞臺。所以，下臺只是登臺的準備，不下這個舞臺，怎麼登上下一個舞臺？
- **自處**：有時候，光有自信也不行。機遇不配合，你就找不到另一個華麗的舞臺。因此，要學會自處。自處最重要的，就是與自己的工作相處。

  要傾聽內心深處的聲音，把工作的表象和本質區分清楚。

  我們究竟是熱愛歌唱，還是熱愛舞臺？還是只愛在大舞臺上歌唱？萬一實在找不到舞臺，是否可以就在街頭，就在曠野中高歌呢？

  自處之後，才能平靜。
- **平靜**：平靜之後，才懂得善用助力。助力有兩種，有正面幫你的，有負面幫你的。兩種都要善用。運用得好，別人從背後推你一把，還正好可以助你跳上另一個舞臺。運用不當，別人好心拉你一把，卻恰恰把你拉進一個水溝。力量沒有絕對的好壞，要看怎麼運用。

一定要舞臺才能歌唱的人，一個急著上臺的人，很容易把助力用擰了。要唱實際隨時隨地都可以唱，自己不唱也可以欣賞別人表演的人，才可能心平氣和地觀察到助力的運用。

不過，這些都是說來容易。最好的方法，是趁我們在臺上的時刻，甚至還沒上臺的時刻，就先想好這個臺要怎麼下。由於主動，我們下臺的時候才能做到不回頭眷戀，才能輕鬆地欣賞一下別人的表演。至於要不要再上一個新的舞臺，則是下一個新的課題了。

急流勇退，是一個關鍵時刻的智慧。功成身退，則是一個全盤布局的智慧。高層主管，看的是大局。應該有這種智慧。

晉升加油站：晉升的盲點

晉升的盲點很多，由於篇幅關係，在此試舉七個較為常見的盲點，希望能夠引起晉升者的注意。

目無主管

身為下屬，和主管相處一定要有分寸。也許主管某些方面不如你，但你仍得注意：當面說話不要咄咄逼人，不要冷嘲熱諷；私下說話也不要品頭論足，旁敲側擊；更不要讓主管當眾出醜，不能收場。

通常在下屬中的某些出類拔萃者或者功高蓋主者，他們有恃無恐，非常容易犯這類毛病；還有一些嬌生慣養、目無尊長的人，他們心浮氣躁，也容易犯這類毛病。但是，如果你恃才傲物，或者頂撞主管，當你的行為直接有損主管的形象時，那你就成了一個蔑視主管的人，一旦主管對你心生厭惡，那麼你的處境就不妙了。此類的教訓，古往今來有很多，三國時代的曹操與楊修的故事，就是一個典型的例子。

恃才傲物是下屬目無主管的一個表現。

當你不得不留在一個群體中時，就必須學會忍耐不如意的主管。因為胳膊擰不過大腿。

另外，與主管爭功也是下屬目無主管的一種表現。

老子有這樣一句話：「大巧若拙，大辯若訥。」意思是聰明的人，平時卻像個呆子，雖然能言善辯，卻好像不會說話一樣，也就是說人要大智若愚。

生活中嫉賢妒能的主管很多，他們不能容忍下屬超過自己，他們必須保持自己在群體中的權威地位，即使他水準很低，就像武大郎一樣，在武氏的店中是不能有高大身材的夥計的。

生活中總有這些人，他們對平庸的主管十分不滿，怨天尤人，就是好的主管，他也常感不舒服，反向心理很重。下屬的獎勵，他會看做是拉攏人心，主管禁止的事情，他偏要做。

要創造和諧的與主管之間的關係，就該去掉你的反骨！切記：棒打出頭鳥！

與主管背道而馳

一個人有很多時候並不會將他的真實意圖直截了當地表達出來。身為主管，也是如此。很多時候，主管的真正意圖需要下屬仔細揣摩去做，其中的原因是多方面的。有一種情況是，主管礙於自己的地位，不便隨便表態，但傾向性意見已不難忖度，這時你應該非常乖巧，不能強迫主管明確表態；另一種情況是，主管需要助手幫腔，一個黑臉，一個白臉，這臺戲才能好，這時你就不能附和主管一個調子；還有一種情況是，主管還沒有拿定主意，但迫於形勢只好模稜兩可地敷衍幾句，這時你就得穩重，私下找主管商量，不要貿然行事。

總之，你在平時就得深入觀察，仔細揣摩，熟諳主管的習性，這樣才能正確地理解主管的意圖。否則，在你具體執行過程中，就會發生很大偏

差，甚至南轅北轍。與主管的想法完全背道而馳，這樣你就將吃力不討好，陷入十分尷尬的境地。

下屬如果不能正確理會主管意圖，就更談不上貫徹主管的意圖了。

嫉賢妒能

早在一百多年前，德國偉大的古典唯心論大師格奧爾格·威廉·弗里德里希·黑格爾（Georg Wilhelm Friedrich Hegel，1770-1831）就指出：「嫉妒便是平庸的情調對卓越才能的反感」、「有嫉妒心的人，自己不能完成偉大的事業，就盡量去低估他人的偉大，貶低他人的偉大性，使之與他人相齊」。嫉賢妒能的事例最典型的莫過於「孫龐鬥法」。孫臏是歷史上著名的軍事家，著有《孫臏兵法》，此書流傳至今，當時他有一個同學好友叫龐涓。龐涓深感自己才能難抵孫臏，強烈的虛榮心又使他不甘認輸而痛苦不堪。於是，在魏國任大將的他設計將孫臏騙到魏國去，然後羅織罪名，將孫臏的膝蓋骨挖掉，使孫備受折磨。後來，孫臏在友人幫助下設法逃脫險境任職齊國，在著名的馬陵之戰中，一舉打敗龐涓，使之受到應有的懲罰。嫉賢妒能古今皆有，且在下級中時常出現。這種人自己沒本事，又不願學習、鍛鍊、提升，而是出歪點子，採用不正當方法壓制別人。特別是在晉升競爭中，這種人為了達到晉升目的，會不惜採取散布謠言，打「小報告」等卑劣手段，以「莫須有」的罪名攻擊、詆毀別人，抬高自己。這種人一旦晉升將會為禍一方、害人害己。

沿海有一家中型的構件廠，在正副廠長的通力配合、協調管理下，工作進程向好的方向發展。某年，正廠長出國進修，來了個代理廠長，這位代理廠長是位嫉妒心很強的人，他認為副廠長在廠裡根基深厚，業務能力比他高，他新上任，在不少問題上等於副廠長說了算，嚴重影響了他的威信。

於是，他找藉口將副廠長調至其他廠，而把一直跟他工作的祕書提為副廠長，並把一批唯命是從，不學無術的人提拔到各級職位上來。結果廠裡空氣沉悶，不少能力強的人被迫先後離廠到別處工作，該廠當年產值就下降 10%，第二年又下降 16%。直至正廠長出國回來，局面才得以扭轉。嫉賢妒能從心理學角度分析，是一般人際關係中個體最容易犯的毛病，嫉妒有兩種：一種是害怕別人超過自己；另一種是醉心於或是故意炫耀自己的成績，以期激起對方的嫉妒之心，以此身為一種興趣來享受。在人類的一切欲望中，嫉妒心是非常頑固的心理現象。

嫉妒，是共同事業合作中的一大障礙，它是一個人內在虛弱自私的反映。一個有著強烈事業心的人，時時想著如何多做有益的事情，並努力地充實自己，相信靠不懈的奮鬥和追求定能獲得成功。他無暇去挑剔別人的毛病，永遠不會產生害怕別人的成功會影響自己。

美國加州大學查理斯·加菲爾德教授在對各行各業一千五百個事業有成的人進行研究後認為，這些成功者有一些共同特點：他們想的是盡最大努力把事情做好，樂於群體合作，他們懂得群體的智慧更利於解決棘手的問題，而很少想到怎麼打敗對手。試想，一個總是擔心同事勝過自己，過度分心去考慮如何戰勝對手，把精力放在為別人設置障礙的人，還能在事業上取得真正的成就嗎？

嫉妒之心無論如何，對人對己都是有害的，因此，人們必須將這種有害的情緒從自己的心靈中清除出去。為此需要從下列方面去努力：

認清危害

嫉妒完全是一種於人有害於己無益的不道德心理。糾纏在這種情緒中，自己就不能大步前行，而且這種心理本身就是一種見不得人的猥瑣和卑鄙，因此，必須將其徹底掃蕩。

克服私念

在現實生活中，嫉妒者對家人親戚的進步和成就總是感到欣喜，而唯對自己的同事，尤其是同樣資歷、低年資歷者所取得的成績卻妒火中燒。之所以如此，主要是因為嫉妒者將親人看做「自己人」，只是放大了的「自己」而已。因此，克服私念是益己益人的大好事，也是消除嫉妒心的基礎條件。

了解自己

心存嫉妒者，自己也是想出人頭地的，無論怎麼掩飾，其實嫉妒的表現本身已經反映了這種心理。對此，嫉妒者應該正確地評價自己，在生活和工作中盡可能地發揮自己的優勢，只要恰如其分地進行努力，至少可以在某些方面取得成績。另外還得承認，你即使天資過人、精力旺盛，也不可能永遠領先、永遠不被別人超過。因此，正確地評價、看待自己和別人，也是從心理上戰勝嫉妒心的有力武器。

著名哲學家培根說過：「在人類的一切情欲中，嫉妒之心恐怕要算是最頑強、最持久的了」。與嫉妒心做鬥爭，確是一場艱苦的磨難，克服嫉妒心不能尋求任何外來的幫助，而全在於自己內心的調理。

鋒芒畢露

一個人若無鋒芒，那就是庸人，所以有鋒芒是好事，是事業成功的基礎，在適當的場合顯露一下既有必要，也是應該的。但鋒芒可以刺傷別人，也會刺傷自己，運用起來應該小心翼翼，平時應插在刀鞘裡。所謂物極必反，過度外露自己的才華容易導致自己的失敗，尤其是做大事業的人，鋒芒畢露既不容易達到事業成功的目的，又容易失去了晉升機會。

在現實生活中存在著這樣一種自視頗高的人，他們銳氣旺盛，鋒芒畢露，處事則不留餘地，待人則咄咄逼人，有十分的才能與智慧，就十二分地表現出來。他們往往有著充沛的精力、很高的熱情，也有一定的才能，但這種人卻往往在人生旅途上屢遭波折。一位大學畢業剛分配到某局工作的大學生，剛進公司，就對公司這也看不慣，那也看不順，沒到一個月，他就被主管上了洋洋萬言的意見書，上至主管的工作作風與方法，下至公司職員的福利，都一一綜列了現存的問題與弊端，提出了周詳的改進意見。但效果卻適得其反，他被公司的某些掌握實權的主管視為狂妄乃至侵犯權益，主管不僅沒有採納他的意見，還藉某些理由將他辭退。兩年之內，他以同樣的情況，換了四家公司，而且總是後一個比前一個更不如意，他牢騷更甚，意見更多，卻也無可奈何。

那位大學生是鋒芒畢露者的典型，這類人在為人處世方面少了一根弦，以致屢屢在新的人際關係圈子中不能處理好，包括上下級關係在內的各種關係，加上在工作上又不注意講究策略與方式，結果不僅妨礙了將個人的才能最大限度地服務於社會，還招來了多種誹謗影射、嫉妒猜疑和排擠打擊。隨著時光的流逝，這種人最後沒有因鋒芒畢露而走向成功，卻因屢受挫折而蹶不振，鋒芒沒了，前程也沒了。

鋒芒畢露的結果是沒給自己留一點退路和餘地，把自己暴露在彈火紛飛的壕溝外，容易招致明攻和暗算。

鋒芒畢露者不受重用是因為人往往同患難易而共榮華難，在打江山時，各路豪傑匯聚在一個麾下，鋒芒畢露，一個比一個有本事。主子當然需要這批豪傑。但天下已定，這些虎將功臣不會江郎才盡，總讓皇帝感到威脅所以屢屢有開國初期斬殺功臣之事，所謂「飛鳥盡，良藏弓；狡兔死，走狗烹」是也。韓信之被殺，明太祖火燒慶功樓，無不如此。相比之下，宋太祖「懷酒釋兵權」就算是仁義的了，但這種仁義傳下來了，卻成

為一種軟弱，所以最後的宋代，武事上似乎沒有什麼建樹。

這真是一個無法調解的矛盾：你不露鋒芒，可能永遠得不到重任；你太露鋒芒，雖容易取得暫時的成功，卻容易招小人暗算。當你施展自己的才華時，也就埋伏下深深的危機。才華是不可不露但更不可畢露的，適可而止吧。很多聰明人在成功時激流勇退，在輝煌時退向平淡，就是表示自己不想再露鋒芒，免得從高處摔下來。而那些不知進退的人，卻很難有好下場，這實在怪不得別人。成功後還要貪戀，還要鋒芒畢露，那就會遭人之忌了。

鋒芒畢露者不容易受重用還因為可能會功高蓋主。而功高蓋主不僅讓主管不高興，會覺得自己的地位受到威脅，而且一有機會，他會把你踹下去。某機關的局長是很平庸的人，除了玩弄權力啥也不會。他手下的一位處長很有工作能力，業餘還堅持寫小說、詩歌，小有名氣。但他有一般文人的通病：不知謙虛。而且時常在局長跟前賣弄自己的才華，對局長還一臉瞧不起的樣子。傳聞他有取代局長位置的野心。後來，局長放出話來，說他的作品裡有不少性描寫，這第一，他的作品內容不健康，作品不健康當然就是心地不健康，有損於管理階層的形象；這第二，如果他沒有那些體驗，怎麼能描寫得那麼細緻？他肯定和別的女性有來往，這就是道德敗壞了。一個道德敗壞的人怎麼能身居主管職位呢？終於找了一個理由，把處長降職為一個不管事的科長。

顯然，這位原處長犯了功高蓋主的忌諱。歷史上有多少人因此而丟官喪命啊！所以，到了一定時候，一定要掩蓋自己的才華，不要給人一種咄咄逼人的感覺。畢竟，誰願意時時生活在別人的光環下呢？誰會腹背受敵而不及早出手呢？功高蓋主，他畢竟還是高階主管，掌握著主動權哪！

綜合類似的事例來看待洪應明在《菜根譚》中再三複述的君子不可太

露其鋒芒的思想，不難發現其合理之處。「不可太露其鋒芒」，並不是侵蝕鋒芒，而是指人應隱其鋒芒，不要恃才恃權恃財而咄咄逼人，從而使個人更易被注重秩序與習俗的社會所接受，以免身受背後之箭的害，以免引致那些無謂的煩惱與挫折，其實這也是一項強化自己的學識、才能和修養的過程，有利於培養自己處理好各種人際關係的能力與技巧，是放棄個人的虛榮心而踏實地走上人生旅途的表現。

鋒芒畢露者要學會把精明智慧放在心上，須知智慧不是一個戴在臉上的華麗面具，不是老掛在嘴角旁的口頭禪，精明智慧只應展現在踏踏實實的人生進程中。所以，我們在待人接物時，要善於發現別人的長處，尊重別人，不要動輒就口無遮攔地對別人品頭論足、議論別人的美醜賢愚，不要老抓住別人的小過失不放，須知一個人長得醜些、笨些和犯了一些小過失，多半不是他的過錯。如果我們不學會尊重各種各樣的人，就會影響人與人之間的親密關係。同理，平日不可因追求一時的口語之快而作意氣之爭，不可因意氣用事而得理不饒人……總之，學會收斂鋒芒，真誠寬厚地待人，掌握話語婉轉和行動穩重的技巧。所謂「敏於行而訥於言」，也正是君子「內精明而外渾厚」的多種表現，是不露鋒芒的訣竅。當然，這些表現都應是自然的，容不得偽裝的，否則，誰倘若偽裝忠厚的面貌來欺騙別人，總是難瞞有識之人的。

有人認為，不露鋒芒就會埋沒自己的才能和才華。其實不然，不露鋒芒者有一種實至而名歸的特色。東晉時，少年的王獻之曾將毛筆寫的「太」字送到母親處炫耀，經一番細看，母親說：「此字僅那一點的功夫才算是到家啦！」獻之聞言，才深感自己在書法功夫與功力方面都尚欠火候，原來那一點正是你父親王羲之剛添加在他所寫的「大」字上的。此後，王獻之以父親為榜樣，不慕虛聲浮名，依缸磨墨，刻苦練字，把十八缸水都用完了，終成了與父親齊名的大書法家。

歷史與現實中的那些深得不露鋒芒者，每每會以喜怒不形於色、少言寡語、平和恬淡的神態和以不譁眾取寵的態度投入生活，做到為人周到，處事練達，從而得到主管的重用而獲得晉升。在這方面，初涉人世者不妨從多動手、多動腦、多用耳朵聽與眼睛看，少用嘴巴，從避免與人爭強好勝、計長較短做起，從而開始踏實地走上人生的旅程。

陷於派別鬥爭

有矛盾是正常的，但矛盾長期得不到解決而表現為一種派別之爭，則是不正常的。許多追求晉升者從這種派別矛盾中，似乎看到了希望、看到了機遇、看到了竅門，一下子陷了進去，其結果不堪設想。當然也有些人開始時是保持中立或者是見爭執躲著、繞著走，然而由於求官心切，自覺不自覺地陷入了這種派系矛盾當中。對於晉升者來說，實在是犯了大忌。那麼，應該怎麼處理呢？

其實置身於有矛盾、有派別的環境當中並不可怕，關鍵是你要掌握高等級的處世哲學，你的原則應該是：

首先，不能在大是大非趨於明朗的情況下縮手縮腳，而完全置身於客觀現實之外，從而喪失機遇；

其次，不要在無為的紛爭當中浪費自己的精力，並且要力戒在兩敗俱傷中使自己不受牽連。

其實，這種高等級的處世哲學本身就是原則性和靈活性的結合，這是任何一個和權力有關聯的人在社會生活中必要的修養。

從以上的分析可以看出，最忌諱的就是為了爭官而主動地、有意識地在派別矛盾紛爭中去撈到好處。這一盲點是追求晉升者之大忌。

主管和主管之間，頂頭主管和間接主管之間，主管和下屬之間，有些工作上的矛盾是正常現象。如果你在這些矛盾衝突中只對一方負責，就未免患了「近視眼」，這是典型的「短利行為」。在古代封建社會，有「一損俱損，一榮俱榮」之說，這種情況如果發生在今天，也是正常的，但是，應注意的是，如果你陷於一種矛盾漩渦中不能自拔，不能妥善地、兼顧地去處理各種關係，那麼一旦情況發生了變化，你就會失去了自己的優點。

為了不陷於派別之爭，下屬對待主管要密疏有度，一視同仁，不要特殊化。做到這點，要求我們在工作上對待任何主管都一樣支援，萬不可因人而異，「看人下菜」。現實生活中往往有人憑個人感情、好惡、喜怒出發，對某些主管的工作給予積極協助、大力支持，而對另一些主管則袖手旁觀，甚至故意拆臺、出難題，這是萬萬不可的。要一律服從，下屬服從主管，是一條原則。有些人對一些與自己有矛盾分歧和自己不喜歡的主管不理不睬，說話不聽、交事不辦，甚至公開對抗。這樣做是違背企業原則的，必須加以糾正，對待所有主管在態度上要一致。現實生活中，有些人對主要的主管和與自己相關的主管，態度十分熱情，對於副職或與己無關的主管則十分冷淡。他們這樣做的後果只能是對己不利。若不及時糾正後果不堪設想。

對主管的尊重和服從既是有條件的，也是無條件的。有條件的意義在於：不正確的，顯然是錯誤的，甚至和法律政策明顯違背的，你應該去抵制，但是也應該是有組織的去抵制。所謂無條件的，就是說下屬對主管的尊重和服從，本身就是體制和制度所決定的，所以即使錯誤，你也應該遵從、執行。而你的意見應該透過其他的管道正常合理地提出。何況在現實生活當中，有的事情你認為是不正確的，或者你自己不能接受理解的，並不見得就是錯誤的，要靠實踐和時間來加以檢驗。如果你在執行和服從中有了梗塞，那就絕不會取得主管信任。這種事情一旦發生，造成的不好印象和關係障礙是很長時間都難以彌補的。

主管之間常常會出現這樣或那樣的矛盾和衝突，在這種情況下，當下屬的可就為難了。有時你和這位主管親密一點，又怕惹惱了另一位主管；你要與另一位主管接觸多一點，又怕得罪這一位，總之，這種狀況使得下屬左右為難。特別是那些在工作中不得不經常與主管打交道的人，更是不便開展工作，在這種情況下，要保持中立的態度，盡量做到左右逢源，兩邊都不得罪。

一般而言，採取中立的態度是可取的。也就是說，進行一種等距離的工作方式，跟誰都不過度密切。或者說，完全從一種純工作的角度著想，沒事盡量少與主管們打交道。特別要注意不讓其中一個主管認為你是另一個主管的人。

但是，在現實工作中，想要完全採取這樣一種純粹中立的工作方式往往是非常困難的。有這樣幾種情況。其一，可能你過去就與某一位主管關係很好，來往也很多。後來，新的主管來了之後，與已經在位的主管發生矛盾。此時，你就不好處理了。因為，如果你還是採取一種中立的態度，在客觀上等於是與前主管疏遠了。這樣，他很可能會認為你是不值得信任的，從而對你產生種種看法。其二，有些主管們在彼此發生衝突的情況下，都想拉攏一些人，建立自己的後援隊伍，他往往會在周圍的人中間選擇他認為信得過的人。當他找到你的時候，可是你又以一種中間人的態度對待他，由此也可能會產生不好的後果。其三，兩邊不得罪，都往往會形成兩邊都得罪的結果。特別是在一些有直接利害衝突的事情上，你如果完全採取一種與我無關的態度，實際上等於是放棄了機會，也使得主管們都不喜歡你。

作風不良

好事不出門，壞事傳千里。一個主管在生活作風上一旦有瑕疵，過去的功勞便煙消雲散，新聞輿論一下子便把你打倒了。

某研究室的副處級調研員莊某，不僅很有才幹，而且風流倜儻，十分瀟灑。雖然他已經結婚有了孩子，但仍有一些女孩子追求他。莊某一時把持不住，和新分來的女大學生小芳相愛了，並且答應與在外地的妻子離婚，和小芳在一起。後來，妻子從外地帶著孩子來探親，莊某猶豫不決，難於下決心提出離婚。這時小芳看到莊某欺騙了自己，就一個人跑了。莊某坐臥不安，立刻請假到處去找小芳，好容易找了回來。他的妻子一氣之下也帶著孩子走了，莊某只好又請假到處去找妻子和孩子。這樣興師動眾地折騰了一番，引起了許多議論。

莊某因為男女關係的問題，被許多人背地裡譏諷嘲笑，該公司主管經過討論，也給予了大過處分。

一年後，老處長離休，莊某應該提升為處長，卻沒有得到晉升，另一位同事「意外」地晉升為處長。

人都有私生活，都有七情六慾但是對於晉升追求者來說，在個人私生活方面必須更加謹慎。這並不是意味著壓抑個性、泯滅個性，而是指需要更為妥善的處理。尤其重要的是，不能夠讓私生活中的陷阱影響你的工作。

對於有志晉升的上班族來說，不管身居何職，一定要時刻警惕男女問題，不要掉入桃色陷阱。

越位行事

越位是足球比賽的一個專用術語。在千變萬化的職場生涯中，上班族也應對越位有一個明確的了解與認知。

一般來說，下屬在與主管的相處過程中，其行為與語言超越了自己的位置，就叫越位。下屬的越位分為：決策越位、角色越位、程序越位、工作越位、表態越位、場合越位以及語氣越位。

處於不同層次上的人員的決策許可權是不一樣的，有些決策是下屬可以做出的，有些高層決策必須由主管做出。如果下屬按自己的意願去做必須應由主管決策的工作，這就是決策越位。

羅先生是某廠分管生產建設的副廠長，而吳女士是基建科的科長，該廠準備建一座新廠房，需從兩家設計公司中選擇一家來設計廠房。按廠裡的工作程序，應由羅副廠長帶頭共同確定設計公司後，再由基建科長吳女士具體執行，但甲設計公司透過熟人找到吳女士後，希望能夠承包該工程的設計，吳女士為了討好設計公司，表示她本人同意由甲公司設計，但需羅副廠長也抱持此意見。甲設計主管為了給曾是自己學生的羅副廠長一些壓力，就將吳女士的話告訴給羅副廠長。羅副廠長雖然本來也同意由甲公司設計廠房，但對吳女士這種變相的決策越位做法十分不滿，從此對基建科長吳女士心存不滿。

有些場合，如宴會、應酬接待，主管和下屬在一起，應該適當讓主管突顯，不能喧賓奪主，如果下屬張羅過度，過多炫耀自己，就是角色越位。

胡女士是一位不善言談、性格內向的企業家，而她的祕書李小姐則是一位相貌出眾、談吐幽默並具有鼓動力的女中豪傑。在胡女士的創業過程中，李小姐曾立下汗馬功勞，可以說，沒有李小姐，就沒有胡女士今天的企業。但當胡女士和她的祕書李小姐在一起的時候，周圍的人員都為李小姐的容貌和才華傾倒，因此言行舉止都以李小姐為核心，反而把胡女士當成李小姐的陪襯。在創業時，胡女士對這種現象只能忍受，但在事業有成的今天，胡女士已經忍無可忍，最終兩人反目為仇。

有些既定的方針，在主管尚未授意發布消息之前，下屬不能犯自由主義。如果搶先透露消息，就是程序越位。

有些工作必須由主管做，有些工作必須由下屬做，這是主管與下屬的不同角色。如果有些下屬為了顯示自己的能力，或出於對主管的關心，做了一些本應由主管做的工作，就是工作越位。

表態是人們對某件事情或問題的回答，它是與人的身分相關聯的，如果超越自己的身分，胡亂表態，不僅表態無效，而且會暄賓奪主，使主管和下屬都陷於被動。

有些場合，主管不希望下屬在場，下屬一定要了解主管有關這方面的暗示，否則就會造成場合越位。

朱博士剛分配到某局辦公室任主任，和局長在一個辦公室工作。朱博士發覺走出校門之後，有很多課本之外的東西需要學習，而局長正是一個最好的好老師。局長的談吐、言行舉止、才智，正是朱博士學習的榜樣。朱博士想方設法和局長多在一起。有時，局長向朱博士暗示他需要和客人單獨談話，但朱博士還是沒有離開的意思，讓局長左右為難。有一次，朱博士的一位現任某外資公司總裁的大學同學要和局長進行高層決策的密談，礙於對大學同學的情面，不得不象徵性地邀請朱博士和局長一起用餐。沒想到朱博士卻真的跟隨他們一起去用餐，並影響了談判的進度。後來局長伺機把朱博士調出辦公室，打入冷宮。

在和主管相處過程中，下屬如果不重視主管的社會角色，在對外來往過程中，說話過度隨便，往往容易造成語氣越位。

小明大學畢業後分配到某公司從事辦公室工作，公司經理是一個性格開朗、說話隨便並容易和大家打成一片的年輕人。平時大家在一起，相處得十分融洽。分不出誰是經理誰是職員。但是當公司對外談判時，小明還像平時一樣，拍著經理的肩膀，大喇喇地說：「老兄，今天去麥當勞還是肯德基？別擔心錢，我來買單！」這就是一個不當的語氣越位。

我升遷的腳步，是你追不上的速度：
策略性思考 × 人脈資本 × 自我包裝，這些升遷的技能若沒擁有，再給你二十年都是白白奮鬥！

編　　著：肖勝平，戴譯凡
發 行 人：黃振庭
出 版 者：財經錢線文化事業有限公司
發 行 者：財經錢線文化事業有限公司
E-mail：sonbookservice@gmail.com
粉 絲 頁：https://www.facebook.com/sonbookss/
網　　址：https://sonbook.net/
地　　址：台北市中正區重慶南路一段六十一號八樓 815 室
Rm. 815, 8F., No.61, Sec. 1, Chongqing S. Rd., Zhongzheng Dist., Taipei City 100, Taiwan
電　　話：(02)2370-3310
傳　　真：(02)2388-1990
印　　刷：京峯彩色印刷有限公司（京峰數位）
律師顧問：廣華律師事務所 張珮琦律師

定　　價：420 元
發行日期：2023 年 03 月第一版
◎本書以 POD 印製

國家圖書館出版品預行編目資料

我升遷的腳步，是你追不上的速度：策略性思考 × 人脈資本 × 自我包裝，這些升遷的技能若沒擁有，再給你二十年都是白白奮鬥！/ 肖勝平，戴譯凡編著 . -- 第一版 . -- 臺北市：財經錢線文化事業有限公司，2023.03
面；　公分
POD 版
ISBN 978-957-680-604-9(平裝)
1.CST: 職場成功法
494.35　112001766

電子書購買

臉書